调度自动化主站系统运行维护

云南电网有限责任公司玉溪供电局　张春辉　主编

·北京·

内 容 提 要

本书为地区电网调度自动化专业技术知识读本。全书共四章，包括自动化基础知识、自动化专业管理、调度自动化主站系统维护、故障处置。

本书主要供地、县电力调度控制中心调度自动化专业人员以及电气工程技术人员阅读、学习，也可作为高等院校电气工程及其自动化专业本科及研究生的实践教材和参考书。

图书在版编目（CIP）数据

调度自动化主站系统运行维护 / 张春辉主编. -- 北京 : 中国水利水电出版社, 2017.12
ISBN 978-7-5170-6087-1

Ⅰ. ①调… Ⅱ. ①张… Ⅲ. ①电力系统调度－调度自动化系统－运行②电力系统调度－调度自动化系统－维修 Ⅳ. ①TM734

中国版本图书馆CIP数据核字(2017)第295114号

书　名	**调度自动化主站系统运行维护** DIAODU ZIDONGHUA ZHUZHAN XITONG YUNXING WEIHU
作　者	云南电网有限责任公司玉溪供电局　张春辉　主编
出版发行	中国水利水电出版社 （北京市海淀区玉渊潭南路1号D座　100038） 网址：www.waterpub.com.cn E-mail：sales@waterpub.com.cn 电话：（010）68367658（营销中心）
经　售	北京科水图书销售中心（零售） 电话：（010）88383994、63202643、68545874 全国各地新华书店和相关出版物销售网点
排　版	中国水利水电出版社微机排版中心
印　刷	三河市鑫金马印装有限公司
规　格	184mm×260mm　16开本　11印张　180千字
版　次	2017年12月第1版　2017年12月第1次印刷
印　数	0001—1500册
定　价	**48.00**元

《调度自动化主站系统运行维护》

编撰委员会

主　　编　张春辉

副 主 编　郭　伟　白建林　张雍忠　张碧华　潘　蕊
　　　　　廖　威

编　　委　白翠芝　马一杰　陈　君　张蔓娴　赵勤道
　　　　　李邦源　蒋　渊　乔连留　张　琨　杨　金
　　　　　张弓帅　徐　扬　李芳方　张　昱　段燕茹
　　　　　赵　华　陈黎玲　毛忠彦　袁　伟

审定委员会

主任委员　郭　伟

审定委员　蒋亚坤　赵　川　叶　华　丁士明　陈　飞
　　　　　左智波　白建林　张春辉

前言

调度自动化系统是电力生产中的核心系统，是电网调度和管理现代化的基础。电力调度自动化系统能够在线提供电力系统运行信息，具有数据采集、实时数据库管理、信息处理、历史库管理、调度员培训模拟等功能，为电力调度机构运行人员进行控制、分析及决策提供了可能。调度自动化系统故障和缺陷将导致无法真实反映电网实时运行工况，造成计算分析结果不准确，严重时，将造成电网事故。调度自动化系统的运行水平，直接影响到电网安全运行。

本书在系统归纳和总结工作经验的基础上，对实际工作中的调度自动化系统维护工作知识进行了详细阐述，内容覆盖面广、针对性强，是一本实用的调度自动化维护知识读本和培训教材。

本书在编写过程中，得到了云南电力调度控制中心、云南电网有限责任公司玉溪供电局领导的关怀和玉溪电力调度控制中心各专业的大力支持与帮助。在编写人员反复研究、修改的基础上，征求了各专业人士的意见。编写过程中云南电力调度控制中心蒋亚坤、赵川、叶华、丁士明、陈飞、左智波等对编写大纲和全书进行了认真审阅，提出了许多宝贵意见，在此一并谨表谢意。

本书由云南电网有限责任公司玉溪供电局系统运行部有关专家编写。由于编者水平和能力有限，加之编写时间仓促，书中难免有错误和不妥之处，敬请读者和相关专业技术人员批评指正。

编者

2017年9月

目　录

第一章

自动化基础知识

第一节　公共基础知识

一、电力系统的基本概念

（一）组成

1. 电力系统

发电厂把水能、热能、核能、光能、风能等形式的能量转换成电能，电能经过变压器和不同电压等级的输电线路输送并分配给用户，再通过各种用电设备将电能转换成适合用户需要的能量形式。这一连续的发电、变电、输电、配电和用电过程中各种电气设备连接在一起而组成的整体称为电力系统。

2. 电网

电力系统中变电、输电、配电部分所组成的网络称为电力网（俗称电网），它包括升、降变压器和各种电压等级的输配电线路。电网按其职能可以分为输电网络和配电网络。输电网络的主要任务是将大容量发电厂的电能可靠而经济地输送到负荷集中的地区，一般由110kV及以上电力线路组成。配电网络的任务是分配电能，配电线路的额定电压一般为0.4～35kV。但输电网络和配电网络的电压等级范围并没有明确的界限，如有些负荷较大的大城市，也采用110kV作为配电线路。

3. 变电站

在电力系统中，变电站是连接发电厂和用户的中间环节，起着变换和分配的作用。根据变电站在电力系统中的地位一般可以把变电站分为枢纽变电站、中间变电站、地区变电站和终端变电站几种类型。

(1) 枢纽变电站。指位于电力系统的枢纽点，高压侧电压为330～500kV，连接电力系统高压和中压的几个部分，汇集多个电源的变电站。对于枢纽变电站而言，一旦发生全站停电的事故，后果将是整个系统解列，甚至部分系统瘫痪。

(2) 中间变电站。指该变电站主要以交换潮流或使长距离输电线路分段为主，同时降低电压给所在区域负荷供电。一般电压为220～330kV，汇集2～3个电源点。一旦发生全站停电，将引起区域电力网解列。

(3) 地区变电站。地区变电站是一个地区或城市的主要变电所，向地区或城市用户供电为主，高压侧电压一般为110～220kV。一旦发生全站停电，该地区将中断供电。

(4) 终端变电站。终端变电站是在输电线路的终端、连接负荷点、直接向用户供电、高压侧电压为110kV的变电所。全站停电时，仅造成供电用户的供电中断。

（二）电力系统的额定电压和额定频率

电气设备都是按照指定的电压和频率来进行设计制造的，这个指定的电压和频率，称为电气设备的额定电压和额定频率。当电气设备在额定电压和额定频率下运行时，将具有最好的技术性能和经济效果。

为了进行成批生产和实现设备的互换，各国都制定有标准的额定电压和额定频率。我国制定的三相交流3kV及以上设备与系统的额定电压的数值见表1-1。

表1-1　　三相交流3kV及以上设备与系统的额定电压　　单位：kV

受电设备与系统额定线电压	供电设备额定线电压	变压器额定线电压	
		一次绕组	二次绕组
3	3.15①	3及3.15	3.15及3.3
6	6.3	6及6.3	6.3及6.6
10	10.5	10及10.5	10.5及11
	13.8①	13.8	—
	15.75①	15.75	—
	18①	18	—
	20①	20	—

续表

受电设备与系统额定线电压	供电设备额定线电压	变压器额定线电压	
		一次绕组	二次绕组
35		35	38.5
110	—	110	121
220	—	220	242
330	—	330	363
500	—	500	

① 发电机专用。

从表1-1中可以看出，同一电压级别下，各种设备的额定电压并不完全相等。为了使各种互相连接的电气设备都能在较有利的电压下运行，各电气设备的额定电压之间有一个相互配合的问题。

电力线路的额定电压和系统的额定电压相等，有时把它们称为网络的额定电压，如220kV网络等。

发电机的额定电压与系统的额定电压为同一电压等级时，发电机的额定电压规定比系统的额定电压高5%。变压器额定电压的规定略为复杂，根据变压器在电力系统中传输功率的方向，规定变压器接受功率一侧的绕组为一次绕组（如变压器高压侧），输出功率一侧的绕组为二次绕组（如变压侧中压侧、低压侧）。一次绕组的作用相当于受电设备，其额定电压与系统的额定电压相等。二次绕组的作用相当于供电设备，考虑其内部电压损耗，额定电压规定比系统的额定电压高10%，如变压器的短路电压小于7%或直接（包括通过短距离线路）与用户连接时，则规定比系统的额定电压高5%。为了适应电力系统运行调节的需要，通常在变压器的高压侧绕组上设计制造有分接头，分接头用百分数表示，即使分接头百分值相同，分接头的额定电压也不同。

我国规定，电力系统的额定频率为50Hz，也就是工业用电的标准频率，简称工频。

（三）电力系统的特点和运行的基本要求

1. 电力系统的特点

电力工业的产品即电能，作为商品的电能和其他商品一样，有生产、输送和消费的过程，但电力系统运行过程与其他工业商品相比，还具有以下特点：

(1) 电能不能大量存储。电能的生产、输送、分配和消费实际上是同时进行的。发电设备任何时刻生产的电能必须等于该时刻用电设备消费与输送中损耗电能之和，这一数值随时间不断变化。对于电能生产的这一过程是一个不可分割的整体，必须保持整个过程的连续性，任何一个环节有问题都会影响电能的消费。

(2) 电力系统的暂态过程非常短暂。对电力系统中的任何设备的投入或切除都是在一瞬间完成的，故电力系统从一种运行状态到另一种运行状态的过渡极为迅速。

(3) 与国民经济的各部门及人们日常生活有着极为密切的关系。供电的突然中断会带来严重的后果。

2. 电力系统运行的基本要求

(1) 保证安全可靠的供电。保证安全可靠的发电、供电是对电力系统运行的首要要求。在运行过程中，供电的突然中断大多由事故引起，必须从各方面采取措施以防止和减少事故的发生。例如，要严密监视设备的运行状态和认真维修设备以减少其事故，要不断提高运行人员的技术水平以防止人为事故。为了提高电力系统运行的安全可靠性，还必须配备足够的有功功率电源和无功功率电源；完善电力系统的结构，提高电力系统抵抗干扰的能力，增强系统运行的稳定性；利用计算机技术、网络技术等对电力系统的运行进行安全监测与控制等。

(2) 要有合乎要求的电能质量。电能质量包括电压、频率和波形的质量3个方面。电压和频率质量一般都以偏移是否超过给定值来衡量。我国规定的额定频率为50Hz，正常运行时允许的偏差为±0.2～±0.5Hz；频率过高或过低都会给用户以及电厂和系统本身造成影响，系统频率只有在系统中所有发电机的总有功出力与总有功负荷相等时才能保持不变。允许的电压偏差根据系统电压和运行方式不同要求不同，例如220kV变电站110kV母线在正常运行方式时允许电压偏差为额定值的－3%～7%，系统运行电压偏低会使网络中的功率损耗及电能损耗增加，电压过低可能破坏电力系统运行的稳定性；电压过高又可能损害电气设备绝缘，使带铁芯设备产生谐波并引起谐振。波形质量则以畸变率是否超过给定值来衡量，畸变率是指各次谐波有效

值平方和的方根值与基波有效值的百分比。给定的允许畸变率因供电电压等级而异，对于6～10kV供电电压不超过4%，0.38kV电压不超过5%。

(3) 要有良好的经济性。电能生产的规模很大，消耗的一次能源在国民经济一次能源总消耗中占的比重约为1/3，降低其消耗的能源和传输中的损耗，对电力系统的经济运行有着重要的作用。线损率和煤损率是考核电力系统运行经济性的两个重要指标，电力网络中损耗的电能与向电力网络供应电能的百分比即为线损率，又称网损率；煤损率为每生产1kW·h电能所消耗的标准煤重，以g/(kW·h)为单位计。

(4) 尽可能减小对生态环境的有害影响。大力发展水电、风电等绿色能源，限制和减少火电污染物的排放量，使电能生产符合环境保护标准，也是对电力系统运行的一项基本要求。

(四) 电力系统的负荷

1. 电力系统负荷的分级

电力系统负荷是某一时刻系统内各种类型用电设备消耗功率的总和。由于消耗功率包含有功功率、无功功率和视在功率，因此电力负荷同样包含了有功负荷、无功负荷和视在负荷三种。根据供电可靠性的要求可以将负荷分为三级，具体如下：

第一级负荷。中断供电将会发生人身事故、损坏重要生产设备致使生产长期不能恢复、造成严重政治影响和生活混乱等负荷属于一级负荷，这类负荷要求保证不间断供电。

第二级负荷。中断供电将造成大量减产，使国民经济生活受到影响。对这类负荷要求尽可能保证不间断供电。

第三类负荷。凡不属于第一级和第二级的负荷均属于第三级负荷。对这类负荷供电中断一定时间影响不大，但也应当尽量提高供电可靠性。

2. 电力系统的负荷曲线

电力系统负荷是随时间的不同而不断变化的，表达其随时间变动情况的曲线图形称为负荷曲线。负荷曲线可按时间和用电特性划分，通常绘制在直角坐标系中，纵坐标表示负荷大小，横坐标表示对应负荷变动的时间（一般以小时为单位），曲线在两坐标轴间所包容的面积表示该段时间内用电设备的耗电量或供电量。

按时间分类主要有日负荷曲线和年负荷曲线，它们还可根据所要求负荷的性质生成若干种负荷曲线。

（1）日负荷曲线。以全日小时数为横坐标而以负荷值为纵坐标绘制而成的曲线，按照负荷性质又可分为电力系统的综合负荷曲线、发电厂的日发电负荷曲线、个别用户的日负荷曲线、分类用户的用电综合负荷曲线。

（2）日平均负荷曲线。按其记录日数的多少，可以分为周、日或季等。按其代表的负荷性质，最常用的是系统日平均负荷曲线、分类用户的平均负荷曲线。

（3）日负荷持续曲线。它的主要作用是掌握系统的基本负荷（最低负荷）的大小以及高出基本负荷的持续小时数。按其记录时间的长短可分为日、月及全年的负荷持续曲线。

（4）年负荷曲线。年负荷曲线一般是由负荷曲线叠加而成的。常用的有逐日负荷变动曲线、月最高负荷曲线、月平均最高负荷曲线、月最低负荷曲线。

（五）电力系统的接线方式及特点

输变电网络和配电网络可分为无备用和有备用两类。无备用接线又称开式网络，有备用接线又称闭式网络。无备用接线包括单回路放射式、干线式和链式网络，在此类接线中，每一个负荷只能靠一条线路获得电能，其接线简单，供电无备用，且对于线路较长的干线式和链式网络，其末端电压往往偏低。有备用接线最简单的是双回路的供电方式，另外还有单环式、双环式和两端供电式，对有备用接线其每一个负荷点至少可以通过两条线路从不同的方向取得电能。

二、电力系统的运行

（一）电力系统运行的安全和稳定

安全和稳定是电力系统正常运行所不可缺少的基本条件。安全是指运行中所有电力设备必须在不超过它们的允许电流、电压和频率的幅值和时间限额内运行，不安全的后果可能导致电力设备的损坏；而稳定是指电力系统可以连续向负荷正常供电的状态。

电力系统稳定运行是指当电力系统受到扰动后，能自动地恢复到原来的运行状态，或者凭借控制设备的作用过渡到新的稳定状态运行。电力系统的稳定从广义角度可分为：发电机同步运行的稳定性（根据电力系统所承受的扰动大小的不同，又可分为静态稳定、暂态稳定、动态稳定三类），电力系统无功功率不足引起的电压稳定性和电力系统有功功率不足引起的频率稳定性。

静态稳定是指电力系统受到小干扰后，不发生非周期性的失步，自动恢复到起始运行状态。

暂态稳定是指电力系统受到大干扰后，各同步发电机保持同步运行状态并过渡到新的稳定状态或恢复到原来稳定运行方式的能力。

动态稳定是指电力系统受到干扰后，不发生振幅不断增大的震荡而失步。

（二）电力系统的潮流计算

电力系统中各节点电压、各支路有功功率、无功功率的稳态分布叫潮流。

电力系统潮流计算是研究电力系统稳态运行情况的一种基本电气计算。它的任务是根据给定的电网结构、参数和发电机、负荷等元件的运行条件，确定电力系统各部分稳态运行状态参数的计算。通常给定的运行条件有系统中各电源和负荷点的功率、枢纽点电压、平衡点的电压和相位角。待求的运行状态参量包括电网各母线节点的电压幅值和相角，以及各支路的功率分布、网络的功率损耗等。

电力系统潮流计算的结果是电力系统稳定计算和故障分析的基础，可用以研究系统规划和运行中提出的各种问题。对规划中的电力系统，通过潮流计算可以检验所提出的电力系统规划方案能否满足各种运行方式的要求；对运行中的电力系统，通过潮流计算可以预知各种负荷变化和网络结构的改变会不会危及系统的安全，系统中所有母线的电压是否在允许的范围以内，系统中各种元件（线路、变压器等）是否会出现过负荷，以及可能出现过负荷时应事先采取哪些预防措施等。

（三）电气主接线

1. 电气主接线的概念

电气主接线又称为电气一次接线，它是将电气设备以规定的图形和文字符号按电能生产、传输、分配顺序及相关要求绘制的单相接线图。它对电网运行安全、供电可靠性、运行灵活性、检修方便及经济性等均起着重要的作用，同时也对电气设备的选择、配电装置的布置以及电能质量的好坏等起着决定性的作用，也同样是运行人员进行各种倒闸操作和事故处理时的重要依据。

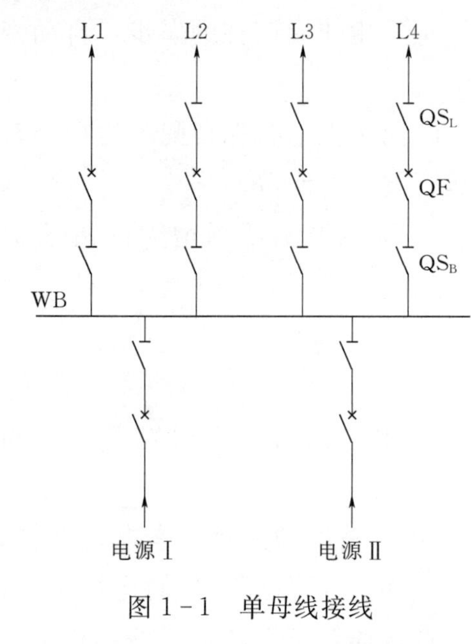

图 1-1　单母线接线

2. 电气主接线的分类

主接线分为有汇流母线和无汇流母线两种。有汇流母线的接线包括单母线接线、单母线分段接线、双母线接线、双母线分段接线、一台半断路器接线（3/2 接线）、4/3 断路器接线、增设旁路母线的接线等。无汇流母线的接线包括变压器-线路组单元接线、扩大单元接线、联合单元接线、桥形接线、角形接线等。

（1）单母线接线。接线方式如图 1-1所示。

1）优点：接线简单清晰、设备少、操作方便、便于扩建和采用成套配电装置。

2）缺点：①灵活性和可靠性差，当母线或母线隔离开关故障或检修时，必须断开它所连接的电源，与之相连的所有电力装置在整个检修期间均需停止工作；②在出线断路器检修期间，必须停止该回路的供电；③线路侧发生短路时，有较大短路电流。

（2）单母线分段接线。接线方式如图 1-2 所示。

1）优点：①用断路器把母线分段后，对重要用户可以从不同段引出两个回路，有两个电源供电；②当一段母线发生故障，分段断路器自动将故障段切除，保证正常段母线不间断供电和不致使重要用户停电，可提高供电可靠性和灵活性。

2）缺点：①当一段母线或母线隔离开关故障或检修时，该段母线的回路都要在检修期间内停电；②当出线为双回路时，常使架空线路出现交叉跨越，使整个母线系统可靠性受到限制；③扩建时需向两个方向扩建。

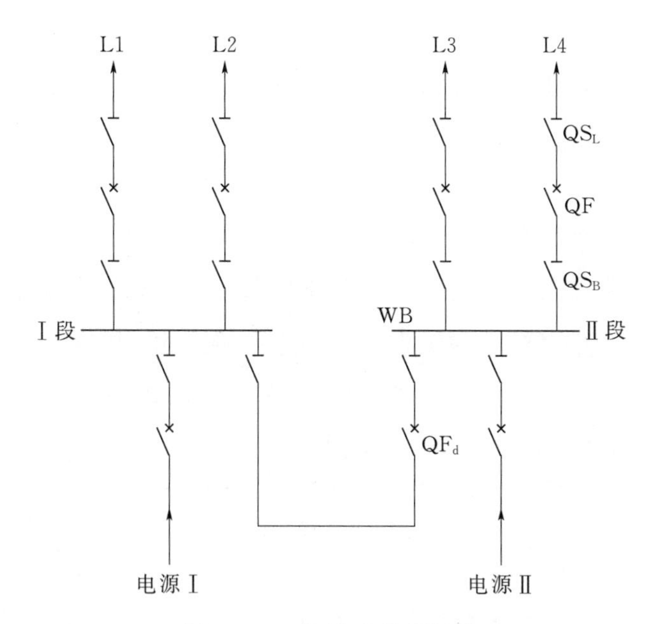

图 1-2　单母线分段接线

（3）双母线接线。双母线接线设置有两组母线，其间通过母线联络断路器相连，每回进出线均经一台断路器和两组母线隔离开关分别接至两组母线，可双母线同时工作也可一工作一备用，接线方式如图 1-3 所示。

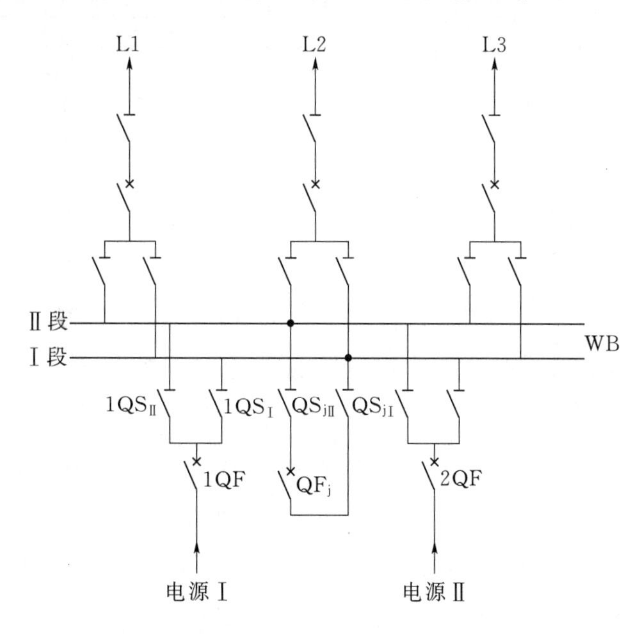

图 1-3　双母线接线

1）优点：①通过两组母线隔离开关的倒换操作，可以轮流检修一组母线而不致使供电中断；②一组母线故障后，厂站能迅速恢复供电；③检修任一回路的母线隔离开关不断电，只需断开此隔离开关所属的一条电路和与此隔离开关相连的该组母线，其他电路均可通过另一组母线继续运行；④检修任一线路断路器时可以用母联断路器代替其工作。各个电源和各回路负荷可以任意分配到某一组母线上，能灵活地适应系统中各种运行方式调度和潮流变化的需要；⑤通过倒换操作可以组成各种运行方式。

2）缺点：①每增加一个回路就需要增加一组母线隔离开关；②当母线故障或检修时，隔离开关作为倒换操作电器，容易误操作；③为了避免隔离开关误操作，需要在隔离开关和断路器之间装设连锁装置；④检修回路断路器仍然需要短时停电（加临时跨条操作）。

（4）双母线分段接线。接线方式如图 1－4 所示。

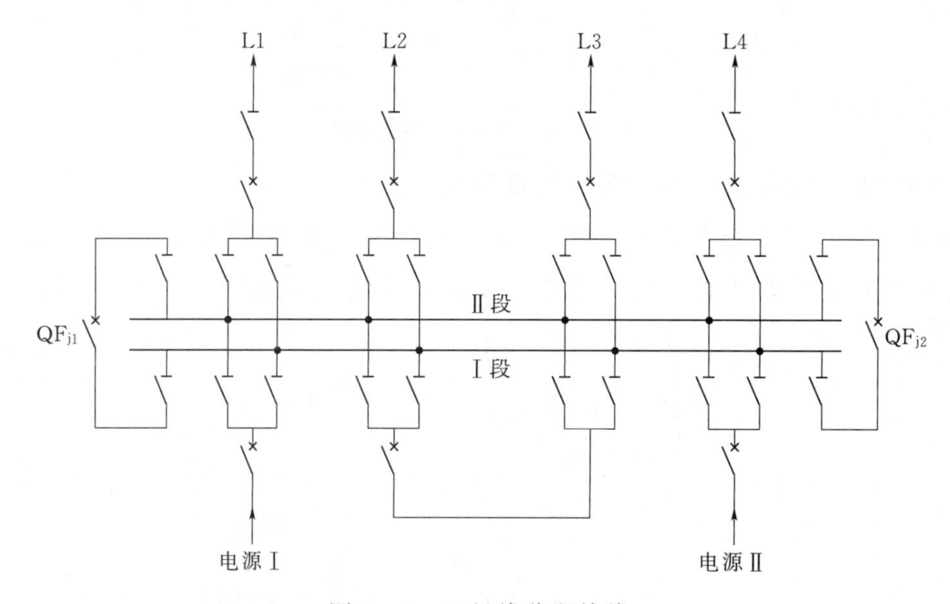

图 1－4　双母线分段接线

优点：与双母线接线相同，但是可靠性比双母线接线更高，缩小了母线的停电范围。

（5）增设旁路母线的接线。为了保证采用单母线分段或双母线的配电装置，在进出线断路器检修时（包括其保护装置的检修和调试），不中断对用户的供电，可增设旁路母线或旁路隔离开关，如图 1－5 和图 1－6 所示。

（6）一台半断路器接线（3/2 接线）。接线方式如图 1－7 所示。

1）优点：①运行方式灵活，可靠性高；每回出线由两台断路器供电，一母线故障由另一条母线供电；②操作检修方便，隔离开关只做检修时隔离电压，没有复杂的倒闸操作，检修任意母线和短路器时进出线回路都不需要

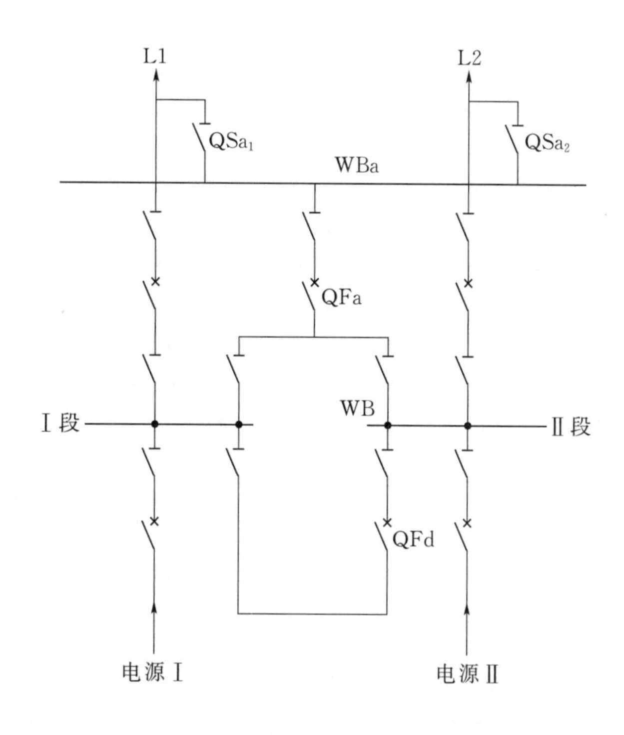

图1－5　单母线分段带旁路

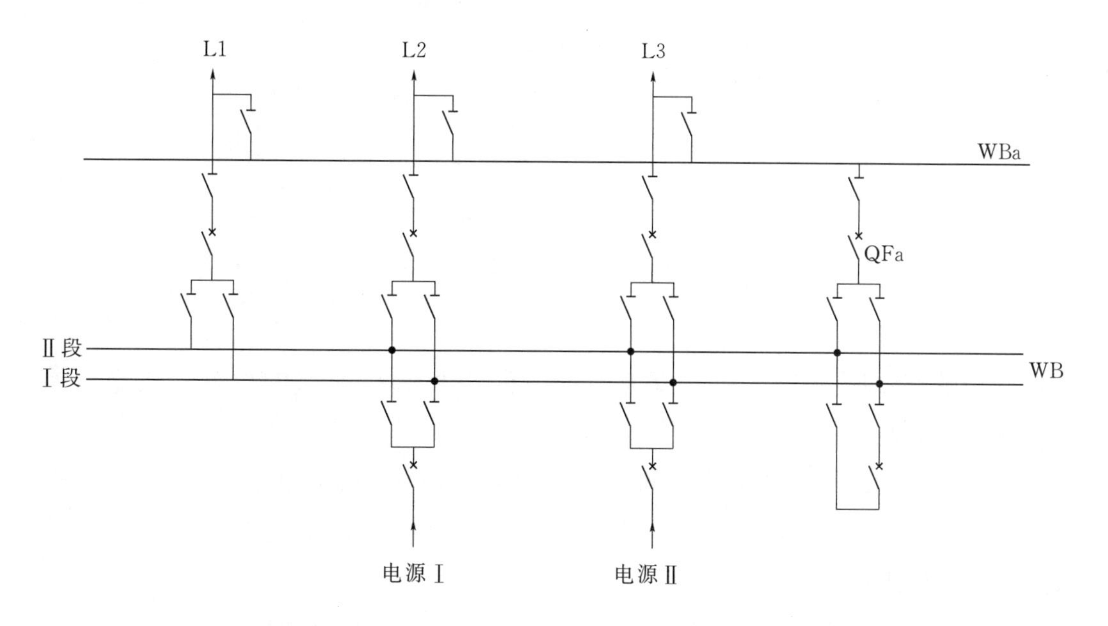

图1－6　双母线接线带旁路

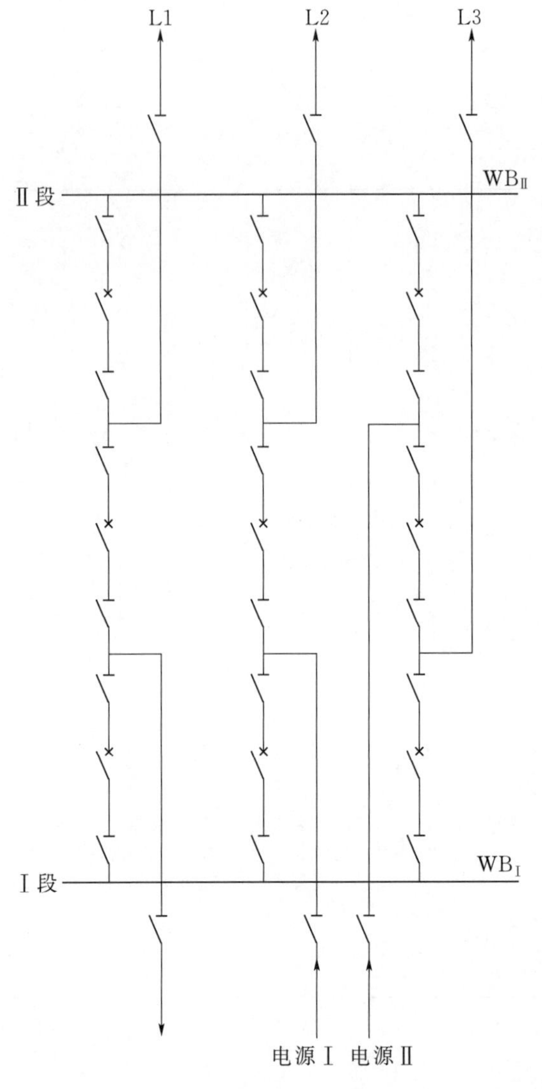

图 1－7　3/2 接线

切换操作。

2）缺点：断路器多，投资大，继电保护和二次回路的设计、调整、检修等比较的复杂。

（7）单元接线。单元接线的形式主要有发电机-双绕组变压器单元接线、发电机-三绕组变压器单元接线、发电机-变压器-线路单元接线、扩大单元接线等，如图 1－8 所示。

1）优点：接线最简单、设备最少，不需要高压配电装置。

2）缺点：线路故障或检修时，变压器停运；变压器故障或检修时，线路停运。

(8) 内桥形接线。接线方式如图 1－9 所示。

1) 优点：高压断路器数量少，四个回路只需三台断路器。

2) 缺点：①变压器的切除和投入较复杂，需动作两台断路器，影响一回线路的暂时停运；②桥连断路器检修时，两个回路需解列运行；③出线断路器检修时，线路需较长时期停运。为避免此缺点，可加装正常断开运行的跨条，为了轮流停电检修任何一组隔离开关，在跨条上须加装两组隔离开关。桥连断路器检修时，也可利用此跨条。

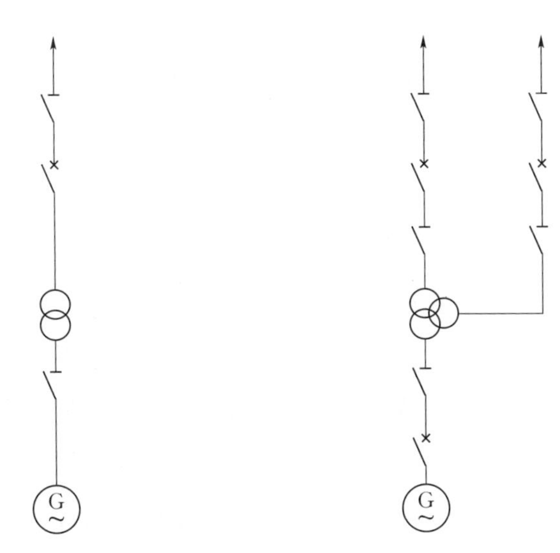

图 1－8　发电机-变压器单元接线

(9) 外桥形接线。接线方式如图 1－10 所示。

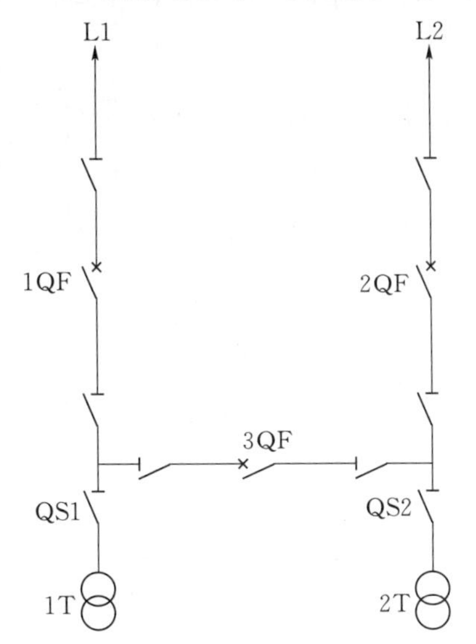

图 1－9　内桥形接线

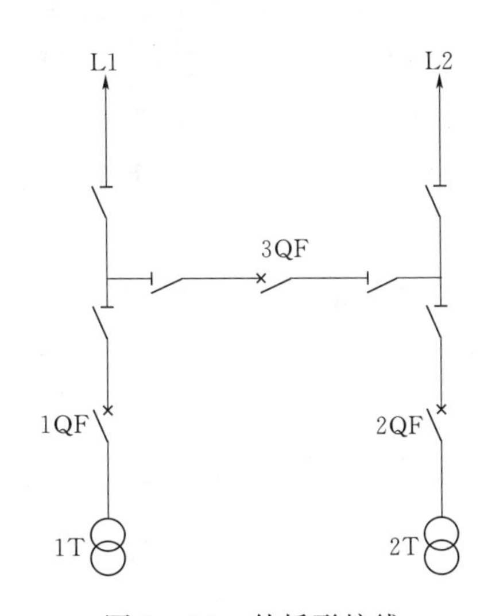

图 1－10　外桥形接线

1) 优点：高压断路器数量少，四个回路只需三台断路器。

2) 缺点：①线路的切除和投入较复杂，需动作两台断路器，并有一台变压器暂时停运；②桥断路器检修时，两个回路需解列运行；③变压器侧断路器检修时，变压器需较长时期停运。为避免此缺点，可加装正常断开运行的跨条。桥断路器检修时，也可利用此跨条。

第二节 专业基础知识

一、调度自动化系统

1. 概念

调度自动化系统是利用以电子计算机为核心的控制系统和远动技术实现电力系统调度的自动化，它包括安全监控、安全分析、状态估计、在线负荷预测、自动发电控制、自动经济调度等项内容。调度自动化是电力系统综合自动化的重要部分，它可帮助值班调度人员提高运行管理水平，使电力系统随时处于安全、经济运行状态，保证向用户提供优质电能。

电力系统调度自动化是一项复杂的系统工程，它包括了数据收集、通信、人机对话、主计算机及高级应用软件等部分，各部分之间密切结合，相互制约。在系统中调度运行人员成为整个系统调度自动化的有机组成部分。这个自动控制系统不仅能完整地掌握全系统的情况，同时在正常运行和事故的情况下能及时、正确地做出控制的决策。

远动技术是一门综合性的应用技术，它的基本原理包括数据传输原理、编码理论、信号转换技术原理，计算机原理等。远动技术是调度管理和现代科技的产物，它随着科学技术，特别是计算机技术的迅速发展而不断更新换代。

远动系统是指对广阔地区的生产过程进行监视和控制的系统，它包括必需的过程信息的采集、处理、传输和显示、执行等全部的设备与功能。

2. 组成及作用

调度自动化系统其基本结构由主站端（调度自动化主站系统）、厂站端（厂站自动化系统）和通信传输通道三大部分组成。根据所完成功能的不同，可以将此系统划分为信息采集和执行子系统、信息传输子系统、信息处理子系统和人机联系子系统。

（1）信息采集和执行子系统是指设置在发电厂和变电站中的远动终端。远动终端与主站配合可以实现“四遥”功能：在遥测方面的主要功能是采集并传送电力系统运行的实时参数；在遥信方面的主要功能是采集并传送继电保护的动作信息、断路器的状态信息、形成事件顺序记录等；在遥控方面的主要功能是接受并执行从主站发送的遥控命令，并完成对断路器的分闸或合闸操作；在遥调方面的主要功能是接受并执行从主战发送的遥调命令，调整发电机的有功功率或无功功率等。

（2）信息传输子系统按其通道的制式不同，可分为模拟传输系统和数字传输系统两类。对于模拟传输系统，远动终端输出的数字信号必须经过调制后才能传输。模拟传输系统的质量指标可用其衰耗-频率特征、相移-频率特征、信噪比等反映，它们都将影响到远动数据的误码率。对于数字传输系统，低速的远动数据必须经过数字复接设备才能接到高速的数字通道。随着通信技术的发展，数字传输系统所占比重将不断增加，信号传输的质量也将不断提高。

（3）信息处理子系统是整个调度自动化系统的核心，以电子计算机为主要组成部分。该子系统包含大量的直接面向电网调度、运行人员的计算机应用软件，完成对采集到的信息的各种处理及分析计算，乃至实现对电力设备的自动控制与操作。

（4）人机联系子系统将传输到调度控制中心的各类信息进行加工处理，通过各种显示设备、打印设备和其他输出设备，为调度人员提供完整实用的电力系统实时信息。调度人员发出的遥控、遥调指令也通过此系统输入，传送给执行机构。高度自动化技术的发展要求调度人员在先进的自动化系统的协助下，充分、深入和及时地掌握电力系统实时运行状态，做出正确的决策和采取相应的措施，使电力系统能够更加安全、经济地运行。

二、调度自动化主站系统

调度自动化主站系统由能量管理系统（EMS 系统）、高级应用系统（PAS 系统）、电量管理系统（TMR 系统）、调度管理系统（OMS 系统）、综合数据平台系统、机房监控系统和调度数据网系统等组成。

1. EMS 系统

能量管理系统（energy management system，EMS）是以计算机技术为基础的现代电力系统的综合自动化系统，主要用于大区级电网和省、市级电网调度中心。其主要目标是为电网调度管理人员提供电网各种实时系统（包括频率、发电机功率、线路功率、母线电压等），并对电网进行调度决策管理和控制，保证电网安全运行，提高电网质量和改善电网运行的经济性。其包括了 SCADA、AGC 自动发电控制系统、EDC 经济调度控制、SA 安全分析四个系统，它们都是电力系统调度自动化的组成部分。

2. SCADA 系统

数据采集与监视控制系统（supervisory control and data acquisition，SCADA）。在电力系统中，SCADA 系统应用最为广泛，技术发展也最为成熟。它在远动系统中占重要地位，可以对现场的运行设备进行监视和控制，以实现数据采集、设备控制、测量、参数调节以及各类信号报警等各项功能，即“四遥”功能。它作为 EMS 系统的一个最主要的子系统，有着信息完整、提高效率、正确掌握系统运行状态、加快决策、能帮助快速诊断出系统故障状态等优势，现已经成为电力调度不可缺少的工具。它对提高电网运行的可靠性、安全性与经济效益，减轻调度员，实现电力调度自动化与现代化，以及提高调度的效率和水平方面有着不可替代的作用。

（1）SCADA 系统的组成及作用。一般来说，SCADA 系统至少包含以下功能模块：商用数据库和实时数据库系统，负责系统模型数据存储、维护和数据应用服务；前置系统，负责远动通信规约解释和通信；图形系统，负责实时监控图形组态以及各种调度员操作界面；事件和告警系统，负责事件记录、告警；报表系统，负责历史报表制作和生成；WEB 系统，负责 SCADA 系统的信息发布。

（2）数据采集与传输功能。SCADA 系统、厂站 RTU 及其他信息传输通道共同发挥着数据采集功能。RTU 的主要功能是把电流互感器、电压互感器、电度表等测到的生数据进行加工处理，满足数据通道的要求。数据信息的传递，是经数据通道传达给主站计算机系统，转化成工程量后传输给人机联系子系统，最后由调度运行工作人员输出。SCADA 系统采集到的远方数据大致分为模拟量、数字量、脉冲量三类，也就是所谓的遥测量、遥信量、电度量。在 SCADA 系统中，厂站端 RTU 可以在很短的时间内扫描到模拟量输出值，假若某次监测到的数据值与前一次的数据值有一定范围的差距，这个新的数据值就会自动发往主站。遥信量是指断路器、隔离开关、保护等状态的信息，同样遥信量被 RTU 检测到新的数据值也会被发往主站。脉冲电表测量到的电度量称为脉冲量，发往主站的脉冲量是被 RTU 检测到的脉冲累加量，这样才能确保主站能够接收一定的电度量。此外，厂站端的设备也会定期发送遥测遥信量、电度量等全部数据给主站端。系统可以遥控操作遥控开关、闸刀等，也可以升降操作主变分接头，并且自动生成操作

记录。

（3）事故追忆功能。如果电网系统发生了故障或者事故，SCADA系统的事故追忆功能可以帮助调度员及时了解事故发生前后的电网事件序列，该功能可以显示电网事故发生前以及事故发生后的模拟量值和计算量值的列表，实时采集的模拟量或状态量、计算模拟量或计算状态量可以通过启动信号来实现，供调度员查看。

（4）历史数据存储和报表功能。在SCADA系统的历史数据库中，存储着任何阶段和类型的实时数据，例如遥测量、电度量等类型数据。借助人机对话环境中的历史数据检索功能可以操作和管理历史数据库，可以把历史数据库复制在磁盘或者磁带上，按照名称、时间就可以检测到事件数据。在日常统计应用中，报表的功能是十分重要的，因此，SCADA系统都设计有报表功能，对于提取历史数据库中的数据信息是十分方便的，系统中带有计算公式等报表最常用的功能，此外，系统的维护人员还可以根据系统应用的实际需要，制作计算公式、制作或者修改权限、进行报表数据维护等，较好地满足了用户的各种自定义功能需求，例如供电可靠性的统计分析报表、设备可靠性的统计分析报表等。

（5）特殊运算功能。SCADA系统的特殊运算功能主要针对一些无法直接量测到的实时数据的计算，例如联络线潮流总加、全网发电总功率，是需要借助特殊运算功能得到某些数据。SCADA系统中，有一些数据是不能直接采集到或者没能采集到，特殊运算功能可以弥补量测系统的缺陷，满足电网调度工作的需求。特殊运算功能可以满足实时数据遥信、遥测、常数及其组合数据的计算需求，也可以满足历史数据遥信、遥测、常数及其组合数据的计算需求。特殊运算功能还可以调整启动计算功能的速率，实现四则运算、逻辑判断，应用成套完整的计算公式，扩大了SCADA系统的实时数据规模，更好地实现电力系统调度运行。

三、厂站自动化系统

厂站自动化系统指将变电站或电厂的二次设备（包括测量仪表、信号系统、继电保护、自动装置和远动装置等）经过功能的组合和优化设计，利用计算机技术、现代电子技术、通信技术和信号处理技术，实现对全变电站的主要设备和输、配线路的自动监视、测量、自动控制和微机保护。

1. RTU

远程终端控制系统（remote terminal unit，RTU）负责对现场信号、工业设备的监测和控制。RTU是构成综合自动化系统的核心装置，通常由信号输入/出模块、微处理器、有线/无线通信设备、电源及外壳等组成，由微处理器控制，并支持网络系统。它通过自身的软件（或智能软件）系统，可理想地实现企业中央监控与调度系统对生产现场一次仪表的遥测、遥控、遥信和遥调等功能。

2. 变电站综合自动化系统

变电站综合自动化系统是通过执行规定功能来实现某一给定目标的一些相互关联单元的组合，它是利用先进的计算机技术、现代电子技术、通信技术和信息处理技术等实现对变电站二次设备的功能进行重新组合、优化设计，对变电站全部设备的运行情况执行监视、测量。

国际电工委员会将变电站综合自动化系统解释为在变电站内提供包括通信基础设施在内的自动化系统。在国内，变电站自动化系统包含传统的自动化监控系统、继电保护、自动装置等设备，是集保护、测量、控制、远传等功能为一体，通过数字通信及网络技术来实现信息共享的一套微机化的二次设备及系统。

3. 厂站其他系统

(1) 保信子站。保信子站的概念在2006年提出，对下通过变电站继电保护、集中录波器等装置的以太网接口、串行接口（RS-485/RS-232）与装置交互保护事件、告警、开关量、压板、遥测量、故障报告、定值、分散录波等信息，并对这些信息进行分类、分析、管理；对上通过自定义的保信系统主-子站通信规约（通常为基于TCP/IP的IEC 60870-5-103）与在调度中心或者集控中心的保信主站和分站进行通信，主要完成子站保信信息的上送和保护操作命令的接收处理。数据中分散录波一般以文件形式记录故障前后的采样数据，采样周期为毫秒级，其他数据的刷新周期为秒级。目前保信子站主要采用嵌入式装置，替换之前的工控机。

(2) 保信子站计量系统。通过多路RS-485接口，采集站内电能表计的数据，存储全电子电能表的各种类型电能数据和瞬时量数据以及失压断相数据等；通过各种接口（RS-232接口、红外接口）实现与变电站自动化系统

通信、现场维护和现场抄表等功能；通过拨号、专线、TCP/IP 协议网络与计费主站通信。采用的通信协议为 IEC 60870－5－102、DL/T 645 等，传输的数据主要为实时的电度和测量数据。

（3）PMU。PMU 为电网动态测量系统（WAMS）的前置单元向量测量装置。PMU 有两种工作方式：一是连续动态循环记录方式，记录电气量的相量数据（电压、电流的 A、B、C 相或正、负、零序相量）、功率、频率、频率变化率等，循环记录密度为 200Hz，循环记录时间为 10～30 天；二是暂态记录（扰动记录）方式，记录故障过程中模拟通道的采样数据，按照 COMTRADE 文件格式存储，记录密度为 4800Hz，最长记录时间为触发前 5 秒，触发后 15 秒。参照 IEEE 1344、IEEE C37.118、《电力系统实时动态监测系统技术规范》（Q/GDW 1131—2014）的要求设计，与其他符合标准协议的主站系统交换上述动态和暂态数据。

（4）设备在线监测系统。设备在线监测目前处于起步阶段。设备在线监测可实时监测厂站内一次设备的健康状态，主要意义在于将厂站的定期检修转变为状态检修，从而大大提高系统的安全性与可靠性，减少事故率，大大减轻运行维护工作的工作量与压力。厂站内针对不同的对象（变压器、开关等）和根据不同的原理有不同的监测系统，这些系统统一配置站级的监控系统，对各个系统分析的结果进行统一监视和管理，通信协议目前都要求 IEC 61850。

（5）电能质量监测系统。电能质量监测目前在厂站尚处于起步阶段。随着社会经济发展，电气化铁路、电弧炉、变频器等冲击性、非线性、不平衡度负载在电力应用中越来越多，谐波、负序、闪变、电压暂态等电能质量问题直接影响着电力系统的供电安全。目前电能质量监测大多停留在用户侧，用电企业有必要建立电能质量监测系统，实现对整个配电电网电能质量的实时监控。

（6）动力环境及视频监控系统。该系统以视频监控系统为核心，完成了对视频监控系统、环境监测系统、安全防范系统、消防报警系统、门禁系统、照明系统、空调系统、给排水系统的集成。除强调各个子系统之间的信息共享和信息互动之外，动力环境及视频监控系统还在多个维度与其他系统进行整合：纵向上负责与上级统一信息平台的信息交互，横向上与厂站自动化系统交互信息。这些系统间信息的交互除了视频监控系统外均可采用变电站自动化系统常用的通信协议，如 IEC 61850、Modbus/TCP、以太网 103、IEC 60870-5-104 等，视频数据会占用很大带宽（2M 以上），采用视频数据专门的通信协议。

四、配用电调度自动化系统

1. DMS 系统

配电管理系统（distribution management system，DMS），是近年来配电系统发展的新课题。通常把从变电、配电到用电过程的监视、控制和管理的综合自动化系统，称为配电管理系统，它的总体目标是实现对配电网的全面自动化管理。DMS 提供各种专业功能，帮助调度员增强对配电网的管理、提高配电网运行的自动化程度。它包括配电网监控和数据采集 SCADA、配电网自动化 DA、控制室管理、故障投诉电话管理 TCM 以及各种高级应用软件。

2. 用电调度系统

用电调度系统，可以理解为在配网自动化系统的平台上，与其他各系统做相应的接口，从而达到可以监控变电站侧-线路-开关-变压器-用户的一套系统，其整合 EMS 系统、DMS 系统、配网 GIS 系统、营销管理系统、生产管理系统、“四合一”计量自动化系统（集抄、负控、电能量采集和配变监测系统）的相关信息进行应用集成和综合分析，将主配网设备模型拼接，使主网、配网、用电调度一体化调度达到优化电网协同调度运行的效果，提升调度自动化系统对发电、输电、用电等环节全过程的技术支撑。

3. 配电 GIS 系统

配电 GIS 系统是以地理图形系统（GIS）为基础，提供基于电子地图的配网信息的直观管理、相关业务办理流程管理、停送电管理等功能，实现配网信息的全局统一管理与信息共享，并保证配网信息的规范性、准确性和完整性。配网 GIS 系统的实施增强了配网信息管理的可视化程度，使电气接线图、走向图与地理信息有机结合起来，为不同部门之间的管理、信息交换提供了统一的数据标准与规范，提高了工作效率和管理效率，并从一定程度上使配网管理手段摆脱了传统的模式，为配网自动化和配网生产管理建立了一个信息平台。

4. 营销管理系统

营销管理系统是满足供电企业的营销管理软件，其软件功能强大，满足供电企业对售电量的管理，主要包括计量子系统、电费应收子系统、电费实收子系统、业扩子系统及强大的查询功能，同时附属网络版的报表管理系统。

5. PMS系统

PMS系统为生产管理系统，是将电力生产管理诸多环节在一个平台上实现信息互通、共享，实时掌握电网生产运行信息，及时优化和调整电网的运行模式，处理异常情况与萌芽状态，降低事故率，从整体上提高电力生产的安全经济运行水平。该系统能够实现生产运行的智能化管理，系统功能划分为系统管理、事故管理、缺陷管理、检修管理、隐患管理、维修项目管理、基建项目管理、技改项目管理、设备运行维护管理、计量设备管理、应急预案管理、基础资料台账管理、电网运行管理、生产数据上报管理、代办事务、综合查询。

6. “四合一”计量自动化系统

它是将集抄、负控、电能量采集和配变监测系统集合为一体的计量自动化系统。

7. 配电终端设备

配电终端是配电自动化建设的重要组成部分。它主要应用于10kV架空线路，完成配电线的运行检测以及监控功能，实现对10kV配电网上开闭所、环网柜、柱上开关、配电变压器等一次设备的实时监控。配电终端采集配电网实时运行数据、检测、识别故障、开关设备的运行工况，进行处理及分析，通过有线/无线通信等手段，上传信息，接收控制命令，保障配电网安全稳定运行。

(1) FTU。指馈线终端设备，是安装在户外馈线上的柱上开关设备，具有遥控、遥信，故障检测功能，与配电自动化主站通信，提供配电系统运行情况和各种参数即监测控制所需信息，包括开关状态、电能参数、相间故障、接地故障以及故障时的参数，并执行配电主站下发的命令，对配电设备进行调节和控制，实现故障定位、故障隔离和非故障区域快速恢复供电等功能。

（2）DTU。指开闭所终端设备，一般安装在常规的开闭所（站）、户外小型开闭所、环网柜、小型变电站、箱式变电站等处，完成对开关设备的位置信号、电压、电流、有功功率、无功功率、功率因数、电能量等数据的采集与计算，对开关进行分合闸操作，实现对馈线开关的故障识别、隔离和对非故障区间的恢复供电。部分 DTU 还具备保护和备用电源自动投入的功能。

（3）TTU。指配变终端设备，监测并记录配电变压器运行工况，根据低压侧三相电压、电流采样值，每隔 1～2 分钟计算一次电压有效值、电流有效值、有功功率、无功功率、功率因数、有功电能、无功电能等运行参数，记录并保存一段时间（一周或一个月）和典型日上述数组的整点值，电压、电流的最大值、最小值及其出现时间，供电中断时间及恢复时间，记录数据保存在装置的不挥发内存中，在装置断电时记录内容不丢失。配网主站通过通信系统定时读取 TTU 测量值及历史记录，及时发现变压器过负荷及停电等运行问题，根据记录数据，统计分析电压合格率、供电可靠性以及负荷特性，并为负荷预测、配电网规划及事故分析提供基础数据。

8. 配用电调度自动化系统的主要功能及作用

（1）导入配网 GIS 图形。从 GIS 中导入的配网一次接线图、单线图、环网图及系统图，以及导入配网设备的信息及其静态参数（设备铭牌参数、编码信息、设备名称、设备台账等信息），从而保证导入调度自动化系统的图形正确，才能避免重复的图形维护和多处维护导致图形的不一致性，从而保证电子化移交流程的顺利执行。

（2）主网、配网及用户模型拼接。在 EMS 系统中，模型数据包括厂站、线路、断路器、刀闸、主变、母线、负荷等，而在 DMS 中，模型数据包括厂站、馈线、配网开关、配网母线、配网变压器等。主配网模型拼接首先确定主配网模型的边界，然后通过边界设备建立匹配关系，将 GIS 中配网 CIM 模型导入 EMS 实现配网模型，然后将 EMS 中 10kV 的出线开关或 10kV 馈线负荷与 GIS 导入的 10kV 馈线相匹配，从而生成拓扑关系，完成主配网的模型拼接。

（3）与“四合一”计量自动化系统交互。用电调度系统需要从计量自动化系统获取配变、低压用户及小水电的电压、电流、有功、无功、电量、功率因数、停电信息、线损等信息。

（4）用电运行监视。

1）监视所辖区域电网的网供负荷、全网用电负荷、发电负荷。

2）监视重要用户、敏感用户、大用户负荷，并以负荷数据、曲线等形式予以展示；对负荷异动情况进行告警。

3）按电压等级分层、分区、分类方式监视负荷。

4）监视所辖区域的低频、低压减载容量及配置情况，当容量不满足要求时及时告警。

5）监测错峰用户的负荷，计算总错峰负荷大小。

（5）智能告警。智能告警应用主要实现对配电、用电环节的故障信息、异常信息（线路电压、电流越限、配变过载等）给出提示告警信息，通过图形变色、闪烁、音响、语音等方式进行告警，并推出相应画面。

（6）停电损失负荷统计。停电事件发生后，用电调度系统自动分析停电范围和受影响的用户，统计受影响的重要用户数，列出重要用户信息，统计受影响的馈线、专变用户数、公变用户数，统计停电损失总负荷，分类统计停电损失负荷（按重要用户、工业用户、商业用户、居民用户等分类），并将停电事件、停电事件影响的馈线、停电事件影响的用户信息保存至历史库，并提供按停电时间、停电性质、停电原因等多种条件的查询功能。

（7）用户电源追溯。根据用户与配变的关联关系，检索出该用户关联的所有配电变压器，由用户配变至500kV变电站逐级电源点追踪，包括供电电源、关联配变、供电线路、关联用户站、备用电源等信息，包括是否可用、负载情况等内容，实现对重要用户实时电源追溯功能，同时提示备用电源信息及供电路径。

（8）用电用户信息。

1）提供分层、多条件的用户查询功能，包括根据“站、线、变”关系查询用户，根据客户类型、负荷级别、所属分区查询用户，也可以根据名称进行模糊查询。

2）实现按照“站、线、变”方式查询用户数量及信息功能，包括合同账户号、客户名称、客户类型、负荷级别、供电局所、账户类别、用户类别、行业类别及是否具有低压脱扣等信息。

3）实现用户（特别是重要用户）低压脱扣设备信息统计和明细查询功能。

（9）保电运行管理。对保电用户停电风险进行分析，实现对保电用户的供电电源点信息维护管理，快速确定电网运行方式变化对保电用户的影响，为实时分析用户供电可靠性、制订紧急预案、事故后的主动服务提供技术支持。

五、一体化电网运行智能系统（OS2）

1. 概述

一体化电网运行智能系统（operation smart system，OS2），由南方电网公司网、省、地、县、配各级主站系统和厂站系统共同组成，每级主站/厂站系统划分为电网运行监控系统（OCS）、电网运行管理系统（OMS）、电力系统运行驾驶舱（POC）或变电运行驾驶舱（SOC）三部分。

OCS部分实现电网稳态监视、动态监视、暂态监视、环境监视、节能环保监视、在线计算、事件记录、分析预警、自动控制和手动操作，具备数据采集与交互、全景系统建模和数据集成与服务等功能；OMS部分实现并网审核、运行方式、定值整定、离线计算、统计评价、信息发布、安全风险分析与预控、经济运行分析与优化、电能质量分析与优化、节能环保与优化等；POC构建于主站端OCS和OMS之上，面向电网运行关键岗位和运行管理决策人员，以服务用户为目标，提供“一站式”运行展示和决策支持；SOC构建于厂站端OCS和OMS之上，面向变电运行关键岗位，提供面向厂站运行、设备管理等的综合服务。

系统遵循SOA架构体系，基于统一的ICT基础设施，在统一的模型及服务接口标准基础上，构建一体化支撑平台及运行服务总线（OSB）。各类业务功能以此为基础开展建设或功能完善。通过支撑平台和横向运行服务总线集成各级主站/厂站内的功能模块/业务子系统，通过纵向运行服务总线实现与上、下级相关业务系统的互联。系统通过企业服务总线实现与其他相关业务系统（如资产管理系统等企业信息化系统）的信息共享、协调控制及流程化管理。网、省、地、厂站各级系统分别建设，县级系统、集控/巡维中心系统与地级主站系统统一建设。

2. 特点

一体化电网运行智能系统应为网、省、地、县各级电网及厂站的安全、经济、优质、环保运行提供充分的技术支持。其总体上按照“一体化、模块化、智能化”的原则设计建设。

（1）一体化。满足电网大二次一体化的要求。全方位覆盖各级主站及厂站的运行监控与运行管理需求；全过程支持电力系统发、输、变、配、用各环节的一体化管控；全面协调电网运行业务和信息的横向协同和纵向贯通。应在统一模型和服务接口标准的基础上开展各级系统的一体化建设，实现各级系统互联、互通、互操作，确保系统功能模块之间、主站之间、主站与厂站之间、厂站与厂站之间资源的统一共享和协调控制。各级系统的 ICT 基础设施应统一配置，并逐步实现统一的数据容灾与备份和统一的二次安全防护。

（2）模块化。满足业务功能模块化建设和“即插即用”的要求。一体化电网运行智能系统提供标准和开放的 ICT 基础设施和支撑平台，支持电网运行各类技术系统/应用功能以模块化的方式纳入一体化运行智能系统并协同作业。电网运行各类技术系统/应用功能应按照“模块化”的建设要求，采用一体化电网运行智能系统提供的 ICT 基础设施，遵循一体化电网运行智能系统支撑平台的接口要求，实现“即插即用”和业务的灵活互动。一体化运行智能系统应具有良好的通用性、兼容性和可扩展性。

（3）智能化。促进电网运行信息的灵活共享，促进电网运行业务的灵活互动，全面提升电网运行各专业的协同作业能力，提高工作效率。应充分运用自动化、智能化技术发展成果，开展电网智能调度的建设，提升电网运行智能分析和智能决策能力，提升电网自动控制和安全自愈能力，不断提高电网安全、经济、优质、环保运行水平。

3．OS2 主站系统

（1）体系架构。一体化电网运行智能系统由基础支撑层的支撑平台（包括基础平台和 OSB 总线），数据支持层的智能数据中心，业务应用层的智能监视中心、智能控制中心、智能管理中心，以及分析决策层的电力系统运行驾驶舱构成。

（2）功能架构。一体化电网运行智能系统主站系统分网、省、地 3 级建设，其中地级系统涵盖地县两级主网和配网运行监控及管理的功能需求。各级系统通过纵向服务总线实现交互。

（3）主站支撑平台结构和功能要求。一体化电网运行智能系统支撑平台主要包括 ICT 基础设施、平台引擎和运行服务总线（OSB）。支撑平台既可作为集成平台用于集成已有的业务应用模块/系统，也能作为新建业务应用模块的支撑平台，向各类应用提供支持和服务，为电网运行监视、运行控制、运行分析、运行管理各类应用提供全面支撑。

1）ICT 基础设施。包括系统资源、通信资源、时钟同步系统、安全防护设施等，提供系统资源管控、通信资源管控、时间同步、安全防护等功能，为一体化电网运行智能系统各类应用提供安全、完整、可靠的基础运行环境。

2）系统资源管控。系统资源主要包括硬件环境（服务器、工作站、存储设备、网络等）和通用基础软件（操作系统、关系数据库、时序数据库、中间件等），为一体化电网运行智能系统主站运行提供软硬件基础平台。在一体化电网运行智能系统中需要综合考虑主站端各应用子系统/模块对硬软件 IT 环境的需求，形成统一的管理和配置方案，能够满足主站各应用系统部署需求，并提供灵活的按需分配 IT 资源的机制，从而能够最大限度地发挥 IT 资源的效能。

系统应能对硬件资源的使用情况（CPU 负载率、内存使用、磁盘使用、网络流量等）和软件资源的运行情况（服务状态、进程状态、主备状态等）进行监视，并能进行必要的调整和控制，包括停止服务/进程、关闭异常进程、重启服务/进程、主备切换等。

3）通信资源管控。通信资源包括电力通信专网和公网两种通信资源，其中电力通信专网包括调度数据网和综合数据网以及点对点模拟或数字通道。公网通信主要是通信运营商提供的通信通道，应用于电力专网不能覆盖的环节，在一体化电网运行智能系统中，公网主要提供应急通信能力。

通信资源管控为各类通信资源提供统一的、图形化的和智能化的通信资源管理功能，其以地理信息系统为基础，综合管理通信的传输网络资源、数据网络资源、行政交换网络资源、调度交换网络资源、同步网络资源、会议电视系统资源、光缆资源、电缆资源、机房设备、管道杆路等通信资源，实现对通信网物理和逻辑资源进行科学合理的管理与优化，为决策和管理部门提供定量的分析数据和图表，为规划与资源调度部门提供辅助决策功能。

4）时钟同步。一体化电网运行智能系统通过时钟同步系统为各级主站及厂站提供满足精度要求的统一的时钟，其由卫星时钟（基准时间来源于北斗卫星导航系统、GPS 等）和地面时间同步网络（基准时间来源于调度中心铯钟等）组成。

5）安全防护。安全防护设施包括电力专用正反向隔离装置、纵向加密认证网关、硬件防火墙、入侵检测系统、防病毒系统、数据证书系统、密码设备（如 IC 卡及其读写装置等）、安全远程拨号产品等。系统应统一考虑安全防护设备的配置及其管理，应满足信息系统安全等级保护要求及电力二次系统安全防护要求，进行权限管理、网络管理、安全审计等，为一体化电网运行智能系统提供安全保障。

6）平台引擎。主站系统提供地理信息引擎、工作流引擎、报表引擎、消息引擎等公共引擎，为一体化电网运行智能系统主站各应用模块提供基础服务。

a. 地理信息引擎。地理信息引擎构建在南方电网一体化电网运行智能系统之内，实现电网资源的图形化展现和结构化管理，以面向服务的架构为各类业务应用提供电网图形和分析服务的企业级电网空间信息服务平台。地理信息引擎与业务应用系统之间以松耦合方式实现相互调用。

b. 工作流引擎。工作流引擎为 OS2 提供工作流的管理及处理，实现工作流的流程定义、状态信息监控、流转操作以及流转历史的分析、统计、查询等功能，并能通过平台的权限控制服务控制用户操作流程的权限。

c. 报表引擎。报表引擎提供报表模板的管理及报表生成、管理及查询等服务。

d. 消息引擎。消息引擎提供通用的消息处理机制，包括消息的订阅及发布、语音播报、短信收发、电子邮件收发等。

（4）运行服务总线。运行服务总线（OSB）是连接一体化电网智能系统各功能模块的逻辑总线，包括高速数据总线、通用服务总线和服务注册中心，提供横向和纵向互联的基础设施，是各级电网运行驾驶系统内部及相互间互联互通的载体。

1）高速数据总线。高速数据总线实现进程间（计算机间和内部）的高速数据通信，具有消息的注册/撤销、发送、接收、订阅、发布等功能；支持基于 UDP、TCP 等实现方式，具有组播和单播等传输形式，支持一对多、一对一的信息交换场合；支持快速传递遥测数据、开关变位、事故信号、控制指令等各类实时数据和事件。

2）通用服务总线。通用服务总线是实现通信、互连、转换以及一系列接口功能的基础软件设施。它由中间件技术实现，支持异构环境中的服务、消息以及基于事件的交互，并且具有适当的服务级别和可管理性，作为SOA的基础支持模块，提供对标准数据交换、服务的支持。

3）服务注册中心。一体化电网运行智能系统应建立全局性的服务注册管理中心，由多级分中心共同组成。提供服务注册、查询、定位、注销等功能，作为服务发布者和服务使用者间的桥梁，为服务发布及客户调用各类服务提供支持，实现跨业务系统/模块、跨主站、跨厂站的标准化数据传输和服务调用手段，保障各类运行数据和业务服务在全网的灵活交换和共享。

（5）主站业务应用结构和功能要求。一体化电网运行智能系统主站系统包括电网运行监控系统（OCS）与电网运行管理系统（OMS）两大子系统，并从逻辑上划分为智能数据中心、智能监视中心、智能控制中心和智能管理中心四大中心以及构建于四大中心基础上的电力系统运行驾驶舱。

1）智能数据中心。智能数据中心提供数据采集与交互、全景数据建模、数据集成与服务类功能。智能数据中心基于统一的资源命名及编码规范，通过运行服务总线为各类应用提供数据支撑。

a. 数据采集与交互。数据采集与交互类功能包括前置运行环境、厂站综合数据采集、主站综合数据采集、地理信息采集、水雨情数据采集、气象信息采集等功能模块。

b. 全景数据建模。全景数据建模类功能包括全景模式管理、全景模型管理、全景模型校核等功能模块。

c. 数据集成与服务。数据集成与服务类功能包括数据集成、数据服务、CASE管理等功能模块。

2）智能监视中心。智能监视中心提供稳态监视、动态监视、暂态监视、环境监视、节能环保监视、在线计算、事件记录、在线预警类功能。

a. 稳态监视。稳态监视类功能包括稳态运行监视、用电信息监视、电能计量监视、一次设备状态监视、二次设备状态监视等功能模块。

b. 动态监视。动态监视类功能包括电网运行动态监视、电网扰动识别、低频振荡监视与分析、并网机组涉网行为在线监测等功能模块。

c. 暂态监视。暂态监视类功能包括电能质量监视、录波分析监视、保护运行监视、稳控运行监视等功能模块。

◆ 电能质量监视对电网的电能质量进行监测和分析。

◆ 录波分析监视对故障录波器、保护装置、稳控装置等记录的录波信息进行分析。

◆　保护运行监视对保护装置的运行信息进行监视，包括保护定值查询、软压板投退状态监视、保护启动及动作、复归信息监视等。

◆　稳控运行监视对稳控装置的运行信息进行监视，包括稳控策略表查询、稳控动作信息监视等。

d. 环境监视。环境监视类功能包括气象监视、雷电监视、山火监视、变电站视频与环境监视、线路覆冰及微气象监视等功能模块。

e. 节能环保监视。节能环保类功能包括水电运行综合监视、火电运行综合监视、风电运行综合监视、光伏发电运行综合监视等功能模块。

f. 在线计算。在线计算类功能包括在线拓扑分析、在线状态估计、在线潮流计算、在线静态安全分析、在线灵敏度分析、在线外网等值、超短期负荷预测、在线稳定计算、在线故障诊断、馈线故障处理、智能告警等功能模块。

3）智能控制中心。智能控制中心提供手动操作、自动控制类功能。

手动操作类功能包括控制调节及防误、设置操作、保护定值执行、安稳定值执行、错峰操作等功能模块。

自动控制类功能包括自动发电控制、自动电压控制、直流功率自动控制、电网快速控制、计划执行、程序化控制、区域备自投等功能模块。

4）智能管理中心。智能管理中心提供并网审核、定值整定、运行方式、离线计算、安全风险分析与预控、经济运行分析与优化、节能环保分析与优化、电能质量分析与优化、统计评价、用电管理、信息发布类功能。

5）电力系统运行驾驶舱。电力系统运行驾驶舱采用态势感知和决策支持技术，采用模型驱动的可视化技术，兼顾传统的数据驱动的用户界面，为电网运行和控制提供快速的、统一的和全面的任务导向的界面，提高用户对电力系统真实运行状态的掌握以及对运行决策的支持。电力系统运行驾驶舱提供智能引擎和人机交互环境类功能。

(6) 镜像系统。OS2 模块中，MTT 为主系统功能模块的镜像，应包括系统镜像与同步、系统测试仿真、专业培训等功能。MTT 应为一个完整、独立运行的系统，其技术架构、功能配置等应与 OS2 主站系统基本一致，可在主系统配置基础上进行简化，但应不影响测试和培训等功能的要求。

MTT 与主系统物理连接，并与主系统通过防火墙隔离。主系统可通过总线向 MTT 单向同步数据；MTT 一般不向主系统同步应用或数据，反向传输通道一般配置为断开，需要时可向主系统发布经过测试验证的应用。

MTT宜采用云平台进行部署，其架构和功能应与主系统基本一致。镜像区采用镜像安全Ⅰ区、Ⅱ区、Ⅲ区结构设计。

MTT主要功能包括：MTT应提供系统镜像与数据同步功能，作为主站系统BRP、OCS、OMS、POC四部分的镜像，MTT应同步主系统实时、准实时、非实时等各类数据，保持同步运行；MTT应提供系统仿真测试功能，MTT提供OS2系统功能开发、测试环境及配套工具，并能够向主系统发布经过测试的应用；MTT应提供专业化培训功能，MTT能为实时调度、系统运维、方式运行等提供专业培训环境。

（7）备用调度系统。为了满足灾备情况及应急的需求，异地建立了备用调度系统，简称备调系统。备调系统按照简单的系统进行配置，实现基本的SCADA功能。

为了满足应急及灾备的需求，备调的数据源由变电站端直接采集，但为了减轻自动化人员的维护工作量，图形、模型等由主调系统进行同步。在建设初期为了保证数据的完整性，还需同步实时数据、历史数据等。主要包括数据、参数、图形、操作的同步以及主备调控制功能的转移。

1）实时数据同步。将主调的遥信、遥测、SOE事项信息实时同步到备调。备调具备数据采集后，可以实现备调采集数据和主调同步到备调的数据的对比，查看数据是否一致。

2）参数同步。采用参数实时同步的方式，主调所有参数的操作（通过DMF接口），都以日志的方式归档到数据库中（表t20670_reclog）。主备调同步的机制是将主调的归档日志传送到备调，并导入备调数据库归档日志中。然后通过单独的进程读取归档日志，在备调依次重新执行主调的操作。

3）图形同步。按照文件的形式进行转发。

4）主备调操作同步。将主调中的操作命令（如人工置入、挂牌等），通过单独的进程拷贝到备调，实现主备调操作命令的同步。

5）主备调控制功能的转移，主备调各自设置两个状态点：主调系统状态点和备调系统状态点。正常情况下，主调系统的主调状态点有效。通过判断状态点实现，主调可行驶控制权，备调控制功能封锁。主系统失效后，将备调系统中的备调状态点设置成有效。释放备调系统的控制功能。

4. OS2厂站系统

一体化电网运行智能系统厂站系统（简称一体化厂站系统）由3个层次

构成：站控层、间隔层、过程层。一体化厂站系统有数字化厂站和常规厂站两种类型。站控层和间隔层之间由站控层总线连接；数字化厂站的间隔层与过程层之间由过程层总线连接；常规厂站的间隔层与过程层之间主要由电缆回路实现连接。一体化厂站系统与各级主站系统通过纵向广域服务总线实现交互，由广域间隔层总线实现厂站间的互联。

（1）站控层是面向全站进行运行管理的中心监控层，通过网络总线汇集全站信息，实现多专业数据的采集、监视、控制及管理等功能；按需要将有关信息送往各级主站或中心，并接受电网调度中心下发的控制调节命令。

（2）间隔层是面向单元设备的测量控制层，实现各个过程层实时数据信息的汇总；完成各种保护和逻辑控制功能的运算、判别、发令；完成各个间隔及全站的操作联闭锁功能；完成电能计量功能；执行数据的承上启下通信传输功能，同时完成与过程层及站控层的通信。

（3）过程层是测量、控制与监测的执行层，完成实时运行电气量的采集、设备运行状态的监测、控制命令的执行等功能。厂站过程层主要包括互感器、开关、变压器以及智能终端、合并单元、监测传感器等设备。

第三节　UNIX 系统介绍

一、UNIX 系统的定义

UNIX 系统是一种强大的多任务、多用户操作系统。早在 20 世纪 60 年代末，AT&T Bell 实验室的 Ken Thompson、Dennis Ritchie 及其他研究人员为了满足研究环境的需要，结合多路存取计算机系统（multiplexed information and computing system）研究项目的诸多特点，开发出了 UNIX 操作系统。至今，UNIX 本身固有的可移植性使它能够用于任何类型的计算机：微机、工作站、小型机、多处理机和大型机等。

二、UNIX 系统的特性

UNIX 系统是一个多用户、多任务的分时操作系统，其系统结构可分为三部分：操作系统内核（是 UNIX 系统核心管理和控制中心，在系统启动或常驻内存），系统调用（供程序开发者开发应用程序时调用系统组件，包括进程管理，文件管理，设备状态等），应用程序（包括各种开发工具，编译器，网络通信处理程序等，所有应用程序都在 Shell 的管理和控制下为用户服务)。

UNIX 系统大部分是由 C 语言编写的，这使得系统易读、易修改、易移植，并且提供了丰富的、精心挑选的系统调用，整个系统的实现十分紧凑、简洁。提供了功能强大的可编程的 Shell 语言（外壳语言）作为用户界面，具有简洁、高效的特点。UNIX 系统采用树状目录结构，具有良好的安全性、保密性和可维护性；系统采用进程对换（Swapping）的内存管理机制和请求调页的存储方式，实现了虚拟内存管理，大大提高了内存的使用效率，且系统提供多种通信机制，如管道通信、软中断通信、消息通信、共享存储器通信、信号灯通信。

三、UNIX 系统的组成

UNIX 系统由内核（Kernel)、Shell 和文件系统组成。

内核是 UNIX 操作系统的核心，直接控制着计算机的各种资源，能有效地管理硬件设备、内存空间和进程等，使得用户程序不受错综复杂的硬件事件细节的影响。

Shell 是 UNIX 内核与用户之间的接口，是 UNIX 的命令解释器。目前常见的 Shell 有 Bourne Shell（sh)、Korn Shell（ksh)、C Shell（csh)、Bourne - again Shell（bash)。

文件系统是指对存储在存储设备（如硬盘）中的文件所进行的组织管理，通常是按照目录层次的方式进行组织。每个目录可以包括多个子目录以及文件，系统以“/”为根目录。常见的目录有“/etc”（常用于存放系统配置及管理文件)、“/dev”（常用于存放外围设备文件)、“/usr”（常用于存放与用户相关的文件）等。

四、UNIX 文件系统

1. UNIX 目录结构

UNIX 操作系统采用树型带勾连的目录结构。在这种结构中，一个文件的名字是由根目录到该文件的路径上的所有节点名按顺序构成的，相互之间用“/”分开。如文件 prog 的全路径名为：/usr/smith/prog，根目录用“/”表示。

根文件系统常用目录如下：

(1)“/bin”。大部分可执行的 UNIX 命令和共享程序。

（2）“/dev”。设备文件。

（3）“/etc”。系统管理命令和数据文件。

（4）“/lib”。C 程序库。

（5）“/usr”。存放用户的家目录和用户共享程序或文件。

（6）“/tmp”。临时工作目录，存放一些临时文件。

2. UNIX 文件名称

（1）最大长度为 255 字节。

（2）大小写敏感（file1 和 File1 表示两个不同的文件）。

（3）无专用扩展名（UNIX 文件名可出现多个小数点，并无特殊含义）。

（4）UNIX 特殊文件名：

1）“/”表示根目录。

2）“.”表示当前目录。

3）“..”表示当前目录的父目录。

4）“.字符串”表示隐含文件，如“.profile”文件。

3. UNIX 文件存取权限

（1）UNIX 文件的存取有 3 种权限，见表 1-2。

表 1-2 UNIX 文件存取权限

权限	普通文件的存取权限	目录的存取权限
r	具有读取文件的权利	能读取文件名称
w	具有写入文件的权利	能建立和删除文件，可以改变文件名
x	具有执行文件的权利	能使用该目录下的文件（如 cd 命令）搜索文件等

（2）有 3 种类型的用户可以存取文件，见表 1-3。

表 1-3 可以存取文件的用户类型

用户类型	说明
owner	文件的拥有者
group	文件所在的工作组
other	其他用户（非 owner 和非 group）

（3）每种类型的用户都有三种文件存取权限：r、w、x。

（4）文件存取权限的显示可以通过“ls－l”命令显示。

4. UNIX复位向与管道

（1）UNIX复位向：将文件的标准输出重新定向输出到文件，或将数据文件作为另一程序的标准输入内容。

例如：ls－l＞file1将ls－l命令显示的内容存到file1中；ls＞＞file1将ls命令显示的内容附加存到file1的尾部；grep abc＜file1将file1的内容作为grep abc命令的输入。

其中，“＞”和“＞＞”为输出复位向符，“＞”将输出内容存到复位向文件中，若文件存在，则先删除原有内容；“＞＞”将输出内容存到复位向文件的尾部。

（2）UNIX管道：将一文件的输出作为另一文件的输入。

例如：ls | more将ls的输出作为more命令的输入；ps－ef | grep smithps－ef的输出作为grep smith命令的输入。

五、UNIX文件系统常用工具vi

vi编辑器是UNIX的强有力的文本文件编辑工具，利用它可以建立、修改文本文件。在当前的各种UNIX GUI界面下都提供了文本编辑器，其操作方法和WINDOWS下的notepad类似，可以方便地进行文本编辑。但vi是最基本的文本编辑工具，所有的UNIX均支持。

vi编辑器常用的两种状态方式如下：

（1）命令方式。用于输入控制命令。

1）ESC：按ESC键进入命令方式。

2）删除更改操作在命令方式下运行：

◆ x为删除光标所在字符；

◆ dd为删除光标所在行。

（2）文本输入方式：用于文本的输入。

1）文本输入方式的进入。

◆ a为将在光标所在位置之后插入文本（append）；

◆ A为将在光标所在行末插入文本；

◆ i为将在光标所在位置之前插入文本（insert）；

◆　I 为将在光标所在行的第一个非空字符前插入文本；

◆　o 为将在光标所在行的下一行开始插入文本（open）；

◆　O 为将在光标所在行的上一行开始插入文本。

2）光标位置移动。

◆　h 为左移；

◆　j 为下移；

◆　k 为上移；

◆　l 为右移。

3）文本输入方式的退出。退出 vi 编辑器在命令方式下运行。不管在什么状态，最好在运行下面命令前，先按以下 ESC 键，以防出错。

◆　:wq 为存盘退出；

◆　:q 为不存盘退出；

◆　:q！为不存盘强制退出；

◆　:w 为只存盘不退出。

六、常用命令介绍

1. ls

ls 是最基本的文件指令。ls 的意义为"list"，也就是将某一个目录或是某一个文件的内容显示出来。如果在 ls 指令后头没有跟着任何的文件名，它将会显示出目前目录中所有文件。也可以在 ls 后面加上所要察看的目录名称或文件的名称。

ls 有一些特别的参数，可以给予使用者更多有关的信息，如：

—a：在 UNIX 中若一个目录或文件名字的第一个字符为"."，则使用 ls 将不会显示出这个文件的名字，称此类文件为隐藏文件。

—l：这个参数代表使用 ls 的长（long）格式，可以显示更多的信息，如文件存取权，文件拥有者（owner），文件大小，文件最后更新日期，甚而 symbolic link 的文件是 link 那一个档等。

2. cp

cp 这个指令的意义是复制（copy），也就是将一个或多个文件复制成另一个文件或者是将其复制到另一个目录去。cp 的用法如下：

（1）cp f1 f2：将档名为 f1 的文件复制一份为档名为 f2 的文件。

（2）cp f1 f2 f3 … dir：将文件 f1、f2、f3、…都以相同的档名复制一份放到目录 dir 里面。

（3）cp －r dir1 dir2：将 dir1 的全部内容全部复制到 dir2 里面。

（4）cp 也有一些参数，如下：

－i：此参数是当已有档名为 f2 的文件时，若径自使用 cp 将会将原来 f2 的内容掩盖过去，因此在要盖过之前必须先询问使用者一下。如使用者的回答是 y（yes）才执行复制的动作。

－r：此参数是用来做递回复制用，可将一整棵子树都复制到另一个目录中。

3．mv

mv 的意义为 move，主要是将一文件改名或换至另一个目录，有 3 种格式：

（1）mv f1 f2：将档名为 f1 的文件变更成档名为 f2 的文件。

（2）mv dir1 dir2：将档名为 dir1 的目录变更成档名为 dir2 的目录。

（3）mv f1 f2 f3 … dir：将文件 f1、f2、f3、… 都移至目录 dir 里面。

4．rm

rm 的意义是 remove，也就是用来删除一个文件的指令。在 UNIX 中一个被删除的文件除非是系统恰好有做备份，否则是无法像 DOS 里面一样还能够救回来的。所以在做 rm 动作的时候使用者应该要特别小心。

rm 的参数比较常用的格式如下：

（1）－f：将会使得系统在删除时，不提出任何警告信息。

（2）－i：在除去文件之前均会询问是否真要除去。

（3）－r：递回式的删除。

5．mkdir

mkdir 是一个让使用者建立一个目录的指令。可以在一个目录底下使用 mkdir 建立一个子目录。

6．chdir

这是让使用者用来转移工作目录用的。

7．rmdir

相对于 mkdir，rmdir 是用来将一个“空的”目录删除的。如果一个目录下面没有任何文件，你就可以用 rmdir 指令将其删除。

8．pwd

pwd 会将目前目录的路径（path）显示出来。

9．cat/more/less

以上三个指令均为查看文件内容的指令。cat 的意义是 concatenate，在字典上的意思是“联结，将……串成锁状”，其实就是把文件的内容显示出来的意思。cat 有许多奇怪的参数，较常为人所使用的是 －n 参数，也就是把显示出来的内容加上行号。

10．chmod

chmod 为变更文件模式用（change mode），这个指令是用来更改文件的存取模式（access mode）。在 UNIX 系统，一个文件上有可读（r）可写（w）可执行（x）三种模式，分别针对该文件的拥有者（onwer）、同群者（group member，可以 ls－lg 来观看某一文件的所属的 group），以及其他人（other）。一个文件如果改成可执行模式则系统就将其视为一个可执行档，而一个目录的可执行模式代表用户有进入该目录之权利。

七、UNIX 系统 process 处理命令

1．ps

ps 是用来显示目前 process 或系统 processes 的状况。以下列出比较常用的参数：

－a 列出包括其他 users 的 process 状况。

－u 显示 user－oriented 的 process 状况。

－x 显示包括没有 terminal 控制的 process 状况。

－w 使用较宽的显示模式来显示 process 状况。

2．kill

kill 指令的用途是送一个 signal 给某一个 process。因为大部分送的都是用来杀掉 process 的 SIGKILL 或 SIGHUP，因此称为 kill。

第四节　数 据 库 技 术

一、数据库定义

数据库系统本质上是一个用计算机存储记录的系统。数据库管理系统是位于用户与操作系统之间的一层数据管理软件，其基本目标是提供一个可以方便、有效地存取数据库信息的环境。数据库就是信息的集合，它是收集计算机数据的仓库或容器，系统用户可以对这些数据执行一系列操作。设计数据库系统的目的是为了管理大量信息，给用户提供数据的抽象视图，即系统隐藏了有关数据存储和维护的某些细节。对数据的管理涉及信息存储结构的定义、信息操作机制、安全性保证以及多用户对数据的共享问题。

二、数据库与数据库管理系统

数据是描述事物的符号记录，它具有多种表现形式，可以是文字、图形、图像、声音和语言等。信息是现实世界事物的存在方式或状态的反映。信息具有可感知、可存储、可加工、可传递和可再生等自然属性。信息已是社会各行各业不可缺少的资源，这也是信息的社会属性。数据是经过组织的比特的集合，而信息是具有特定释义和意义的数据。

数据库系统（database system，DBS）广义上讲是由数据库、硬件、软件和人员组成的，其管理的对象是数据。数据是经过组织的比特的集合，而信息是具有特定释义和意义的数据。

（1）数据库。数据库（database，DB）是指长期储存在计算机内的、有组织的、可共享的数据的集合。数据库中的数据按一定的数学模型组织、描述和储存，具有较小的冗余度、较高的数据独立性和易扩展性，并可为各种用户共享。

（2）硬件。构成计算机系统的各种物理设备，包括存储数据所需的外部设备。硬件的配置应满足整个数据库系统的需要。

（3）软件。包括操作系统、数据库管理系统及应用程序。数据库管理系统（data base management system，DBMS）是数据库系统的核心软件，是在操作系统的支持下工作，解决如何科学地组织和储存数据，如何高效地获取和维护数据的系统软件。其主要功能包括数据定义功能、数据操纵功能、数据库的运行管理和数据库的建立与维护。

（4）人员。

第一类为系统分析员和数据库设计人员。系统分析员负责应用系统的需求分析和规范说明，他们和用户及数据库管理员一起确定系统的硬件配置，并参与数据库系统的概要设计。数据库设计人员负责数据库中数据的确定、数据库各级模式的设计。

第二类为应用程序员。他们负责编写使用数据库的应用程序，这些应用程序可对数据进行检索、建立、删除或修改。

第三类为最终用户。他们利用系统的接口或查询语言访问数据库。

第四类用户是数据库管理员（database administrator，DBA），负责数据库的总体信息控制。DBA 的具体职责包括：决定数据库中的信息内容和结构，决定数据库的存储结构和存取策略，定义数据库的安全性要求和完整性约束条件，监控数据库的使用和运行，负责数据库的性能改进、数据库的重组和重构，以提高系统的性能。

三、数据模型

数据库结构的基础是数据模型（data model）。数据模型是一个描述数据、数据联系、数据语义以及一致性约束的概念工具的集合。数据模型提供了一种描述物理层、逻辑层以及视图层数据库设计的方式。

1. 关系模型（relational model）

关系模型用表的集合来表示数据和数据间的联系每个表有多个列，每一列有唯一的列名。关系模型是基于记录的模型的一种。基于记录的模型的名称由来是因为数据库是由若干种固定格式的记录来构成的。每个表包含某种特定类型的记录。每个记录类型定义了固定数目的字段（或属性）。表的列对应于记录类型的属性。关系数据模型是使用最广泛的数据模型，当今大量的数据库系统基于这种关系模型。

2. 实体-联系模型（entity－relationship model）

实体-联系（E－R）模型基于对现实世界的这样一种认识：现实世界由一组称作实体的基本对象以及这些对象间的联系构成。实体是现实世界中可区别于其他对象的一件“事情”或一个“物体”。实体-联系模型被广泛用于数据库设计。

3．基于对象的数据模型（object-based data model）

面向对象的程序设计（特别是Java，C++或C#）已经成为占主导地位的软件开发方法。面向对象的数据模型可以看成是E-R模型增加了封装、方法（函数）和对象标志等概念后的扩展。

四、数据库语言

1．数据操纵语言

数据操纵语言（DML）使得用户可以访问和操纵由适当的数据模式组织起来的数据。有以下访问类型：

（1）SELECT：对存储在数据库中的信息进行检索。

（2）INSERT：向数据库中插入新的信息。

（3）DELETE：从数据库中删除信息。

（4）UPDATE：修改数据库中存储的信息。

2．数据定义语言（DDL）

数据库模式是通过一系列定义来说明的，这些定义由数据定义语言的一种特殊语句来表达。数据定义语言有以下类型：

（1）CREATE DATABASE：创建新数据库。

（2）ALTER DATABASE：修改数据库。

（3）CREATE TABLE：创建新表。

（4）ALTER TABLE：变更数据库表。

（5）DROP TABLE：删除表。

（6）CREATE INDEX：创建索引。

（7）DROP INDEX：删除索引。

3．对权限的操作语言（DCL）

（1）GRANT：授权。

（2）REVOKE：收权。

五、实体-联系模型

实体-联系模型简称E-R模型，所采用的3个主要概念是：实体、联系和属性。E-R模型是软件工程设计中的一个重要方法，因为它接近于人的思维方式，容易理解并且与计算机无关，所以用户容易接受。但是，E－R模型只能说明实体间的语义联系，还不能进一步地说明详细的数据结构，遇到实际问题，通常应先设计一个E－R模型，然后再把它转换成计算机能接受的数据模型。

1. 实体

实体是现实世界中可以区别于其他对象的“事件”或“物体”。例如，企业中的每个人都是一个实体。每个实体由一组特性（属性）来表示，其中的某一部分属性可以唯一地标识实体，如职工号。实体集是具有相同属性的实体集合。例如，学校所有教师具有相同的属性，因此教师的集合可以定义为一个实体集。学生也具有相同的属性，因此学生的集合可以定义为另一个实体集。

2. 联系

实体的联系分为实体内部的联系和实体与实体之间的联系。实体内部的联系反映数据在同一记录内部各字段间的联系。这里着重讨论实体集之间的联系。

第五节　远动通信规约

一、远动通信规约概述

在通信网中，为了保证通信双方能正确、有效、可靠地进行数据传输，在通信的发送和接收过程中有一系列的规定，以约束双方正确、协调进行工作，这些规定称为数据传输控制协议，简称为通信规约。

电力系统中的通信规约包含了站内通信规约和远动通信规约。站内通信规约是指变电站综合自动化系统内部之间进行通信所使用的规约。远动通信规约是指变电站（子站）与调度中心（主站）进行通信所使用的规约。

远动通信规约按通信方式可以分为循环式规约和问答式规约。

循环式规约是发送端将要发送的信息分组，按双方约定的规则编成帧，从一帧的开头至结尾依次向接收端发送。全帧信息传送完毕后，又从头至尾传送。这种传送方式实际上是发送端周期性的传送信息给接收端，不论接收端是否需要或是否给予应答，发送端均会持续地向接收端传送数据。目前常用的循环式规约主要有DISA规约，新部颁CDT规约等。

问答式规约是由主站端向厂站端发送一定信息格式的查询（召唤）命令，厂站端按主站端发来的命令传送信息或执行命令。问答式规约按传送方式可分为平衡式和非平衡式两种，非平衡传输模式是指主站采用顺序地查询（召唤）子站来控制数据传输，在这种传输模式下，主站触发所有报文的传输，子站只有在被召唤时才能传输数据。平衡传输模式是指每一个站都可以主动启动报文的传输过程，主站可以召唤子站传输数据，子站也可以主动向主站传输数据。目前常用的问答式规约主要有IEC 60870－5－104通信规约，IEC 60870－5－101通信规约等。

二、104通信规约

1. IEC 60870－5－104通信规约与IEC 60870－5－101通信规约的异同

国际电工委员会（IEC）于1990年开始就制定了IEC 60870－5系列通信标准，并在国际上推广使用。IEC 60870－5系列协议标准根据应用方向的不同而定义了一系列的配套标准，分别如下：

IEC 60870－5－101通信规约：101通信规约提供了在主站和远动子站之间发送基本远动报文的通信文件集。可用于常规的远动通信，采用串口通信的方式和非平衡传输模式。

IEC 60870－5－102通信规约：用于站内的监控主机采集本站内电能数据的通信。

IEC 60870－5－103通信规约：用于变电站内继电保护装置的通信。

IEC 60870－5－104通信规约：104通信规约可以理解为101通信规约在互联网上的应用，即104通信规约是101通信规约的网络访问。其采用网口通信的方式和平衡传输模式。

从上面可以看出，101通信规约和104通信规约在数据结构上是一致的。两者的主要区别如下：

（1）传输模式的不同。101通信规约采用非平衡传输模式，104通信规约采用平衡传输模式。

（2）101通信规约采用的是传统的串口通信，其需要在主站和子站间建立固定的专用远动通道，投资大，扩展困难；而104通信规约是基于TCP/IP网络的一种规约，通过更方便快捷的互联网进行通信；而且随着互联网技术的不断发展和应用范围的不断扩大，更加凸显了利用互联网进行通信的优势。

所以，在如今的电力远动通信中，104 通信规约被广泛地应用，占据着主要的地位。

2. IEC 60870－5－104 通信规约数据单元的基本结构

（1）应用规约数据单元 APDU。IEC 60870－5－104 的应用规约数据单元（APDU）由两部分组成：一部分是应用规约控制单元（APCI），另一部分是应用服务数据单元（ASDU）。两者之间的关系如图 1－11 所示。

启动 68H		一个字节	APCI	APDU
应用规约数据单元的长度		一个字节		
控制域	八位位组 1	一个字节		
	八位位组 2	一个字节		
	八位位组 3	一个字节		
	八位位组 4	一个字节		
IEC 60870－5－104 应用服务数据单元		最大长度为 249 个字节	ASDU	

图 1－11　应用规约数据单元（APDU＝APCI＋ASDU）

（2）应用规约控制信息 APCI。应用规约控制信息里的控制域占了 4 个字节，控制域定义了 3 种不同的类型，分别是用于完成计数的信息传输的 I 格式，用于计数的监视功能的 S 格式，用于不计数的控制功能的 U 格式。

（3）应用服务数据单元 ASDU。

应用服务数据单元结构见表 1－4。表 1－4 是应用服务数据单元的结构，应用服务数据单元 ASDU 由报文类型标志、可变结构限定词、传送原因、公共地址、需要传送的数据和信息等构成。

表 1－4　　应用服务数据单元结构

结　　构	所占字节数
报文类型标志	一个字节
可变结构限定词	一个字节
传送原因	两个字节

续表

结　　构		所占字节数
公共地址		两个字节
信息对象	信息体地址	三个字节
	信息体元素	N
	……	……

3. 通信报文的组成及其特征分析

（1）启动字符。报文的第一个字节启动字符定义了数据流内的起点，其值为固定为68H。这是为了能够检出数据应用服务数据单元的启动和停止。

（2）应用规约数据单元的长度。报文的第二个字节定义了应用规约数据单元主体的长度，这里的长度是从控制域的第一个字节开始计算，包含后面的应用服务数据单元的长度。因为一条报文的最大长度是255个字节，除去定义启动字符的一个字节和定义长度的一个字节，所以长度的最大值是253字节。

（3）控制域。报文的第三个字节到第六个字节是报文的控制域部分，根据控制域的不同，将报文分成了三种，分别是I格式帧、U格式帧和S格式帧；而且控制域还定义了报文丢失和重复传送的控制信息、报文传输的启动和停止、传输连接的监视。

I格式帧一般是用来进行总召唤、遥信、遥测、遥控、遥调、SOE事件、变位信息上送等，它包含应用规约控制信息APCI和应用服务数据单元ASDU。S格式帧一般是用来进行数据确认，每当正确接收了一条I格式帧后，都需要发送一条S格式帧进行数据确认，它只包含应用规约控制信息APCI，没有应用服务数据单元ASDU。

（4）报文类型标志。报文的第七个字节是报文类型标志，是对本条报文的类型进行说明，区分其是遥信、遥测、SOE事件或者其他类型。根据104通信规约中对类型标志的相关定义，将常用的类型标示符进行了归纳和描述，具体内容见表1-5。

表1-5　　常用的报文类型标志

报文类型标志		描　　述
遥信	1=01H	不带时标的单点信息
	3=03H	不带时标的双点信息

续表

报文类型标志		描　述
遥测	9＝09H	测量值，带品质描述归一化值
	13＝0dH	测量值，带品质描述标度化值
	21＝15H	测量值，不带品质描述的归一化值
SOE	30＝1eH	带七个字节时标的单点信息
	31＝1fH	带七个字节时标的双点信息
遥控	45＝2dH	不带时标的单点命令
	46＝2eH	不带时标的双点命令
其他	100＝64H	总召唤命令
	103＝67H	时钟同步命令

（5）可变结构限定词。报文的第八个字节是可变结构限定词。在这个八位位组中，用SQ来代表最高位，SQ是用来表示信息对象是否连续的。后面的第一～第七比特位是用来表示信息对象的数目的。

SQ＝0时，表示信息对象地址是不连续的，信息元素需要由信息对象地址寻址确定。应用服务数据单元可以由一个或多个同类的信息对象组成。

SQ＝1时，表示信息对象地址是连续的，信息对象地址是顺序信息元素的第一个信息元素地址，后续信息元素的地址是从这个地址顺序加1。在这种情况下，每个应用服务数据单元仅包含一种信息对象，即必须是同一种格式的测量值。

（6）传送原因。报文的第九个、第十个字节是传送原因，其说明了发送本条报文的原因。根据104通信规约中对传送原因的相关定义，将常用的传送原因进行了归纳和描述，具体内容见表1-6。

表1-6　　　传　送　原　因

第九个字节	第十个字节	原因描述
1＝01H	00H	周期、循环
2＝02H	00H	背景扫描
3＝03H	00H	突发
4＝04H	00H	初始化
5＝05H	00H	请求或被请求
6＝06H	00H	激活

续表

第九个字节	第十个字节	原因描述
7＝07H	00H	激活确认
8＝08H	00H	停止激活
9＝09H	00H	停止激活确认
10＝0aH	00H	激活结束
20＝14H	00H	响应总召唤

（7）公共地址。报文的第十一个、第十二个字节是公共地址，公共地址即站址，用来区分不同的子站。

（8）信息对象。报文的第十三个字节开始，是报文的信息对象。信息对象就是所需发送的遥测量、遥信量等。信息对象包含了多个信息体，每一个信息体由信息体地址和信息体元素组成。

每个信息体地址是三个字节，信息体地址是用来区分不同的应用，比如遥测、遥信等。遥信的信息对象地址范围为000001H～004000H，遥测的信息对象地址范围为004001H～005000H，遥控的信息对象地址范围为006001H～006200H。

信息体元素所占字节数不固定，需要根据其是否带品质描述和是否带时标来具体确定。

三、新部颁CDT规约

1. CDT规约概述

新部颁CDT规约《循环式远动规约》（DL 451—1991）规定了电网数据采集与监控系统中循环式远动规约的功能、帧结构、信息字结构和传输规则等，适用于点对点的远动通道结构及以循环字节同步方式传送远动设备与系统，还适用于调度所间以循环式远动规约转发实时信息的系统。

2. 典型报文解析

（1）遥测报文。例如：

EB 90 EB 90 EB 90 71 61 10 02 00 2C 00 70 35 47 44 CRC 01…09…EB 90 EB 90 EB 90

报文解析：

EB 90 EB 90 EB 90 ｜ 71 61 10 02 00 2C ｜ 00 70 35 47 44 CRC 01…09…
同步字　｜　控制字　｜　信息字　｜

1）EB 90 EB 90 EB 90 为三组同步字。

2）71 61 10 02 00 2C 为控制字，其中的六个字节分别见表 1－7。

表 1－7　遥测报文控制字

71	61	10	02	00	2C
控制字节	帧类别	信息字数	源地址	目的地址	校验码

本遥测报文的帧类别为 61H，表示本帧为重要遥测帧（A 帧）。

信息字数为 10H，表示该帧所含信息字数量，如为 0 表示无信息字。

源地址为 02，表示该帧是从 02 号厂站发出。

目的地址为 00，表示该帧是发往 00 号主站。

校验码为 2C。CDT 规约采用 CRC 校验，可以使用系统提供的校验程序进行计算。

3）00 70 35 47 44 CRC 01…为信息字。00 70 35 47 44 CRC 表示第一个信息字。

00 为功能码，表示第一个信息字。70 35 和 47 44 表示一个信息字传送的两路遥测量。以 70 35 为例，其二进制代码表示见表 1－8 和表 1－9。

表 1－8　70 的二进制代码表示

b_7	b_6	b_5	b_4	b_3	b_2	b_1	b_0
0	1	1	1	0	0	0	0

表 1－9　35 的二进制代码表示

b_{15}	b_{14}	b_{13}	b_{12}	b_{11}	b_{10}	b_9	b_8
0	0	1	1	0	1	1	0

b_{11}～b_0传送一路模拟量，以二进制码表示。符号位 $b_{11}=0$，表示为正数；如 $b_{11}=1$，则表示为负数，以补码表示，为 111111111101；$b_{14}=0$ 表示没有溢出；如 $b_{14}=1$ 则表示溢出。$b_{15}=0$ 表示该数是有效的；如 $b_{15}=1$ 则表示数无效。

（2）遥信报文。例如：

EB 90 EB 90 EB 90 71 F4 10 02 00 CRC F0 30 75 1B 04 CRC F1…F9…EB 90 EB 90 EB 90

报文解析：

该报文的同步字、控制字分析同上。

F0 30 75 1B 04 CRC 表示一个信息字，F0 为功能码，CRC 为校验码，30 75 和 1B 04 表示两个遥信字，每个遥信字表示 16 个状态位（表 1-10 和表 1-11）。

表 1-10　30 的二进制代码表示

b_7	b_6	b_5	b_4	b_3	b_2	b_1	b_0
0	0	1	1	0	0	0	0

表 1-11　75 的二进制代码表示

b_{15}	b_{14}	b_{13}	b_{12}	b_{11}	b_{10}	b_9	b_8
0	1	1	1	0	1	0	1

b_0～b_{15}分别表示 0～15 路遥信。

状态位定义：b＝0 表示断路器或刀闸状态为断开、继电保护未动作；b＝1表示断路器或刀闸状态为闭合、继电保护动作。

变位遥信优先传送，随机插在上行信息中不跨帧地连送 3 遍。

（3）帧类别代码及定义，见表 1-12。

表 1-12　帧类别代码及定义

帧类别代码	定　义	
	上行	下行
61H	重要遥测（A 帧）	遥控选择
C2H	次要遥测（B 帧）	遥控执行
B3H	一般遥测（C 帧）	遥控撤销
F4H	遥信状态（D1 帧）	
85H	电能脉冲计数值（D2 帧）	
26H	事件顺序记录（E 帧）	
7AH		设置时钟

第六节　调度自动化关键辅助系统

一、机房动力环境监控系统

1. 机房动环监控系统的概念

机房动环监控系统是将现代机房中各种设备的电气量、环境量、环境监控图像、门禁管理、消防、周界防卫等重要信息进行融合计算，实现遥测、遥信等功能。目的是为了保障中心机房系统的正常运行，实时监测机房环境的各项指标，遇到机房停电、电源故障、环境温度过高、非法闯入、火灾和漏水等紧急意外情况，能够及时记录、查询和自动快速报警。

2. 动环系统检测的内容

（1）动力设备监控。机房监控系统动力系统监控包括机房的全部电源设备，如高压配电、低压配电、柴油发电机组、配电柜、UPS 电源系统、直流电源系统、蓄电池等。

1）供配电。机房监控系统监测一级、二级交流配电柜的主回路和各分回路的各种参数。如电压、电流、频率、有功功率、功率因数、无功功率、视在功率等；监视各级开关的开关状态。显示和记录各种参数的变化曲线，并对各种报警状态进行记录和报警处理。

2）柴油发电机组。机房监控系统监测发电机组输出电压、电流、频率（转速）及水温、油位、油压等参数；发电机组运行状态、燃油阀开关状态等各种状态的实时记录和报警处理；控制发电机组的启停。

3）UPS 电源系统。在 UPS 供应商提供 UPS 通信协议的情况下，机房监控系统可以监测协议提供的所有参数和状态。参数包括输入输出电压、电流、频率、功率、蓄电池组的电压、后备时间、温度等；状态包括整流器、逆变器、电池、旁路、负载等部件的状态；显示和记录各种参数的变化曲线，并对各种报警状态进行记录和报警处理。

4）直流电源系统。机房监控系统监测输入市电的状态，电池电压及其状态，显示和记录电池电压、蓄电池温度的变化曲线，并对各种报警状态进行实时的记录和报警处理。

（2）空调设备监控。

1）机房专用精密空调。精密空调为智能设备，只要具备智能接口，就可以全面监控空调的运行参数。根据精密空调供应商提供的通信协议和远程监控板，实时监测精密空调的回风温度、回风湿度、冷冻水进出温度、流量、冷却水进出温度及冷冻机、冷冻水泵、冷却水泵工作电流等参数；监测工作状态包括压缩机状态、风机状态、加热器状态、抽湿器状态（水冷式空调还可监测到冷却水塔的补水池液面状态、冷却水塔风扇状态、冷却水阀门状态等）等各种工作状态；显示和记录各种参数变化曲线，并对各种报警状态进行实时的记录和报警处理；控制空调的启停、调节温度和湿度；可通过系统直接设定空调机的各种参数。

2）普通空调。通过改装空调电路，或者利用空调红外控制器，对其市电状态、风机状态、压缩机状态进行监控，以及实现报警信息处理、根据温度变化控制空调启停等功能。

（3）温湿度监控。机房监控系统通过采集温湿度传感器所监测的温度和湿度数据，以直观的画面实时记录和显示机房各区域的温湿度数据及变化曲线，并进行越界报警信息处理。

（4）图像视频监控。图像监控系统采用视频组态的概念，将各通道的图像以控件组态的方式随意插入某个界面，对于大型的监控系统而言，以电子地图的方式来集中管理各个场地的数据和图像的界面，十分方便。由于将机房监控系统和闭路监控合二为一，可以随意实现动力环境与图像的联动控制，一旦有异常事件发生，机房监控系统自动弹出现场图像画面，即时录像并作报警提示和处理。

（5）漏水监测系统。漏水检测系统是对机房空调或者窗户等处可能漏水的地方进行监测，它通过采集测漏主机的报警信号监测任何漏水探头上的漏水情况，机房监控系统一旦发生报警，立即切断上水支管和上水总管的上水电磁阀，彻底封闭水路，断绝继续泄水发生，并可以定位检测具体的漏水系统，同时将报警信息通过短信平台发送到相关管理人员，且在现场有声光报警产生。

（6）智能门禁管理。智能门禁管理由门禁控制器、门禁卡、读卡器、电控锁、网络扩展器、门禁管理软件、管理计算机等构成。机房监控系统实现了对机房的出入控制、进出信息登录、保安防盗、报警，同时提供了多种形式（RS-485、无线调制解调器、拨号、TCP/IP、短信、SP）的联网功能。

（7）消防系统监控。通过采集消防控制器或烟感探测器、温感探测器的报警信号实时监测火灾警状态，当有火警发生，机房监控系统以直观的画面显示报警信息并作报警通知，采取控制措施如开门开通风设备，启停其他相关设备。

（8）防雷系统。机房监控系统监测电源防雷器的工作状态，对防雷器被雷击或浪涌破坏进行实时地记录和报警通知。

（9）网络设备监控。通过网络与路由器、服务器、小型机等建立通信联系，直接从这些网络设备中获取各种信息，通信过程采用国际上通用的简单网络管理协议（SNMP），无需在网络设备上添加任何应用程序，即可监控机房内服务器、路由器、工作站及其他网络设备的工作状态；记录网络设备的启停时间、网络流量-时间曲线；统计通信繁忙程度、通信可靠性；对于服务器非法关机、通信拥塞或通信瘫痪等严重事件立即给出报警信息，并弹出该网络设备的相应画面和处理建议，保障网络系统的安全可靠性。

二、UPS电源系统

1. 概述

UPS（uninterruptible power system/uninterruptible power supply），即不间断电源，是将蓄电池（多为铅酸免维护蓄电池）与主机相连接，通过主机逆变器、整流器等模块电路将直流电转换成市电的系统设备。

2. 组成

UPS电源系统由五部分组成：主路、旁路、电池等电源输入电路，进行AC/DC变换的整流器（REC），进行DC/AC变换的逆变器（INV），逆变和旁路输出切换电路，蓄能电池。

UPS系统的稳压功能通常是由整流器完成的，整流器件采用可控硅或高频开关整流器，本身具有可根据外电的变化控制输出幅度的功能，当外电发生变化时（该变化应满足系统要求），输出幅度基本不变的整流电压。净化功能由储能电池来完成，由于整流器对瞬时脉冲干扰不能消除，整流后的电压仍存在干扰脉冲。储能电池除可存储直流电能的功能外，对整流器来说就像接了一只大容器电容器，其等效电容量的大小，与储能电池容量大小成正比。由于电容两端的电压是不能突变的，即利用了电容器对脉冲的平滑特性消除了脉冲干扰，起到了净化功能，实现了对干扰的屏蔽。频率的稳定则由变换器来完成，频率稳定度取决于变换器的振荡频率的稳定程度。

为方便UPS电源系统的日常操作与维护，设计了系统工作开关、主机自检故障后的自动旁路开关、检修旁路开关等开关控制。在电网电压工作正常时，给负载供电，同时给蓄电池充电；当突发停电时，UPS电源开始工作，由储能电池供给负载所需电源，维持正常的生产；当由于生产需要负载严重过载时，由电网电压经整流直接给负载供电。

3. UPS系统使用条件

（1）设备运行期间周围环境温度不高于40℃，不低于－10℃。

（2）日平均相对湿度不大于95%，月平均相对湿度不大于90%。

（3）地震烈度：Ⅷ度；水平加速度：0.25g；垂直加速度：0.125g。

（4）屏（柜）安装使用地点无强烈振动和冲击，无强电磁干扰，外磁场感应强度不得超过0.5mT。

（5）安装垂直倾斜度不超过5%。

（6）设备安装地点不得有爆炸危险介质，周围介质不含有腐蚀金属和破坏绝缘的有害气体及导电介质。

4. 调度自动化主站系统不间断电源

（1）不间断电源的构成。调度自动化系统的不间断电源（UPS电源系统）由在线式不间断电源（UPS电源）和交/直流输入单元、交流输出单元等外围设备组成。

1）UPS电源由整流器、逆变器、静态旁路切换开关、手动维修旁路开关、谐波滤波器（可选）、输出隔离变压器（可选）、监控单元、通信接口、蓄电池组等组成。

2）交/直流输入单元由交流输入自动切换装置（可选）、交流输入断路器、旁路输入断路器、直流输入断路器、防雷器等组成。

3）交流输出单元由交流输出断路器、交流馈线开关、母联开关、测量表计等组成。

（2）UPS电源系统配置原则。UPS电源系统应配置两台UPS电源，构

成双机冗余供电系统。每台 UPS 电源应至少配置一组蓄电池组，每组蓄电池组容量应满足当交流输入电源事故时带该输出母线段全部负载后备时间不小于 2 小时。蓄电池组容量应按全部负载实际测量的电流总和计算取得。蓄电池组出口应配置保护电器。UPS 电源系统供电的负荷应包括调度自动化系统的计算机、网络设备等不能中断供电电源的重要生产设备。UPS 电源系统输入端宜配置单相对地、中性线对地保护模式标称放电电流不小于 10kA（8/20μs）的交流电源限压 SPD；SPD 宜串联相匹配的联动空气开关以便于更换 SPD 和防止 SPD 损坏造成的短路，SPD 正常或故障时，应有能正确表示其状态的标志或指示灯。

（3）UPS 电源容量配置原则。每台 UPS 输出额定功率应不小于 1.2 倍全部负载额定功率的总和。UPS 电源容量应满足最大功率负载的启动电流需求 UPS 电源容量（S_n）与输出额定功率（P_n）关系为：P_n(kW)=0.8S_n(kVA)。

（4）UPS 电源系统接线方式。UPS 电源系统宜采用双机双母线带母联运行接线方式。交流输出母联开关应具有防止两段母线带电时闭合母联开关的防误操作措施（可采用加锁等方式）。手动维修旁路开关应具有防误操作的闭锁措施。每台 UPS 电源的交流电源输入和旁路电源输入应采用两路电源经自动切换装置（若选用 ATS，宜采用二段式 PC 级）切换的供电方式（若上级交流配电设备中已采用自动切换装置，UPS 电源输入端可不再设置），两路交流输入电源应分别来自不同段的交流母线，两段交流母线供电电源应分别取自不同的变电站。40kVA 及以上的 UPS 电源系统应采用三相交流电源输入、三相交流电源输出接线方式。

（5）系统馈线网络配置原则。由 UPS 电源供电的设备应遵循负载均分、三相平衡原则，将设备分别接入 UPS 电源系统的两段输出母线。双电源供电设备的两路交流输入电源应分别取自 UPS 电源系统的两段输出母线。冗余配置的两台单电源供电设备，其交流输入电源应分别取自 UPS 电源系统的两段输出母线。服务器、主网交换机、磁盘阵列的工作电源应分别采用专用馈线开关供电。工作站、其他网络设备等可共用一路馈线开关，尽可能减少共用同一路馈线开关设备的数量。单电源非冗余配置的设备应根据负载均分原则分别接到 UPS 电源输出的两段母线上。

第七节　数据网和传输网

电力系统通信网是国家专用通信网之一，是电力系统不可缺少的重要组成部分，是电网调度自动化、电网运营市场化和电网管理信息化的基础，是确保电网安全、稳定、经济运行的重要手段。其最重要的特点是高度的可靠性与实时性；另一个特点是用户分散、容量小，网络复杂。目前电力通信主干网络基本上成树形与星形相结合的复合型网络结构。电力系统通信网按业务的种类划分为数据通信网、图像通信网、电话及传真网等；按服务区域范围划分为本地通信网、长途通信网、移动通信网等。电力系统通信网中常用的通信网络有电话交换网、电力数据网、电视电话会议网、企业内联网等。电力数据网包括传统的远动信息网（SCADA 系统）、EMS、MIS 等。

一、电力系统通信技术

（1）电力载波通信。电力载波通信利用高压输电线作为传输通路的载波通信方式，是电力系统特有的通信方式。

（2）光纤通信。光纤通信是以光波作为载波，以光纤作为媒介的一种传输方式。架设在 10～500kV 不同电压等级的电力杆塔及输电线路上，具有高可靠、长寿命的突出优点。

（3）微波通信。微波通信是利用微波（射频）作载波携带信息，通过无线电波空间进行中继的通信方式。常用微波通信范围为 1～40GHz。

（4）卫星通信。卫星通信是利用人造地球卫星作为中继站来转发无线电波，从而进行两地或多地之间的通信。

（5）移动通信。移动通信是指通信的双方至少有一方在移动中进行信息交换的通信方式。移动通信作为电力通信网的补充与延伸，在电力线维护、事故抢修方面发挥着积极的作用。

（6）现代交换方式。现代交换方式包括电路交换、分组交换、ATM 异步传送模式、帧中继和多协议标记交换技术。电路交换和分组交换是两种不同的交换方式，帧中继和 ATM 异步传送模式则属于快速分组交换的范畴。

（7）现代通信网。现代通信网按功能划分为传输网和支撑网。支撑网使业务网正常运行，增强网络功能，提高全网服务质量，以满足用户要求的网络。在各支撑网中传送相应的控制、检测信号。

（8）接入网。接入网由业务节点接口和用户网络接口之间的一系列传送实体组成，为传送电信业务提供所需传送承载能力的实施系统。接入的传输媒体可多种多样，可灵活支撑混合的、不同的接入类型和业务。

二、电力系统通信网术语

（1）综合数据网。指为生产控制大区服务的专用数据网络，承载电力实时控制、在线生产交易等业务。

（2）调度数据网。指为生产控制大区服务的专用数据网络，承载电力实时控制、在线生产交易等业务。

（3）专用光纤通道。指独立承载特定单一业务的端到端光纤通道资源。

（4）复用光纤通道。指复用承载多个业务的光纤通道资源。

（5）EIA RS-232C 串行接口。EIA RS-232C 是异步串行通信中应用最广的标准总线，它包括了串行传输的电气和机械方面的规定，适用于数据终端设备（DTE）和数据通信设备（DCE）之间的接口。一个完整的 RS-232C 接口有 22 根线，采用标准的 25 芯插头座。其中 15 根引线组成主信道通信，其他则为未定义和供辅信道使用的引线。辅信道也是一个串行通道，但其速率比主信道低很多，一般不使用。RS-232 标准的信号传输速率最高为 20kbit/s，其最大传输距离为 30m，在此条件下才能可靠地进行数据传输。

（6）E1 通道。也称 2M 通道，指传输网络中开通的 VC12 专线业务通道，带宽为 2048kbit/s，接口为 ITU-T G.703 E1 电接口或 2M 光接口，其通信方式称为 2M 复用方式。在 ITU-T 803 标准中定义为 E1 通道。

（7）MSTP 数据专线通道。指 MSTP 传输网中开通的专用数据业务通道，带宽为 $N\times2048$kbit/s，接口为 10M/100M BASE-T、1000M BASE-SX 等以太网接口，其通信方式称为 MSTP 数据专线方式。

（8）调度数据网通道。指电力调度数据网络中开通的业务通道，接口为 10M/100M BASE-T 以太网接口，其通信方式称为调度数据网络方式。

（9）综合数据网通道。指电力综合数据网络中开通的业务通道，接口为

10M/100M/1000M 以太网电接口或 100M/1000M 以太网光接口，其通信方式称为综合数据网络方式。

（10）保护专用载波通道。指经过保护专用电力线载波收发信机承载的通信通道。其通信方式称为专用电力载波方式。

（11）复用载波通道。指经过通信电力线高频载波机承载的通信通道，分为话音通道和数据通道。其通信方式称为复用电力载波方式。

（12）独立通信通道。指两条通信通道从通信设备、配线系统、供电系统都相互独立，在任何单一故障情况下不会造成两条通道同时中断。

（13）公网通信通道。指由公用通信运营商提供的，用于南方电网生产运行和管理业务使用的通道。

三、调度自动化（SCADA/EMS）业务的通信

（1）调度自动化（SCADA/EMS）业务通道优先采用 E1 通道或 MSTP 数据专线（通道条件不具备时可采用四线数据通道）和调度数据网络两条完全独立的通道。在电力调度数据网未覆盖站点，可采用两条独立专线通道方式。

（2）调度自动化专线通道接口采用 ITU－T G.703　E1 接口或 MSTP 数据网络接口。传输时延不大于 30ms，开通通道保护或恢复等自愈方式。基于光纤的 SDH 通道误码率不大于 10^{-9}，基于微波的 SDH 通道误码率不大于 10^{-8}，基于微波的 PDH 通道误码率不大于 10^{-6}。

（3）调度自动化数据网通道接口采用调度数据网 100M BASE－T 接口，传输时延在 80%运行时间内不大于 100ms，调度自动化业务接入调度数据网应设置 QoS 保证高优先级带宽。

（4）传送调度自动化业务的 MSTP 数据专线通道作为专线通道，通道中途不得复用其他业务，不得进行网络路由。

（5）调度自动化专线通道和数据网络通道不得承载在同一台传输设备上。

（6）调度自动化业务通信通道带宽宜不小于 2048kbit/s。

（7）调度自动化业务通道可合并传送 PMU 业务。带控制信息的 PMU 业务必须承载在专线通道，监测信息 PMU 业务可承载在调度数据网。

（8）电厂 AVC、AGC 信号、发电曲线下载信号与 EMS 通道合用。

（9）调度自动化业务采用的通道方式如图 1－12～图 1－15 所示。

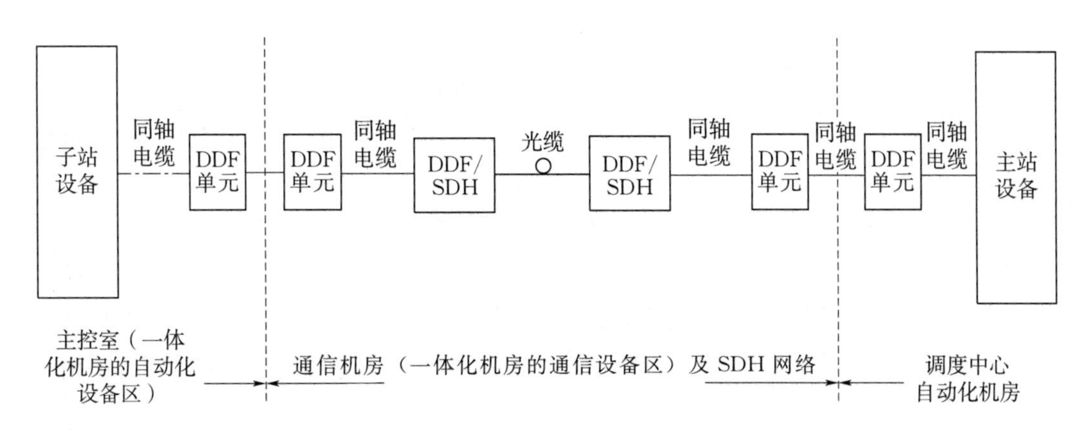

图1－12　调度自动化业务E1专线方式接入示意图

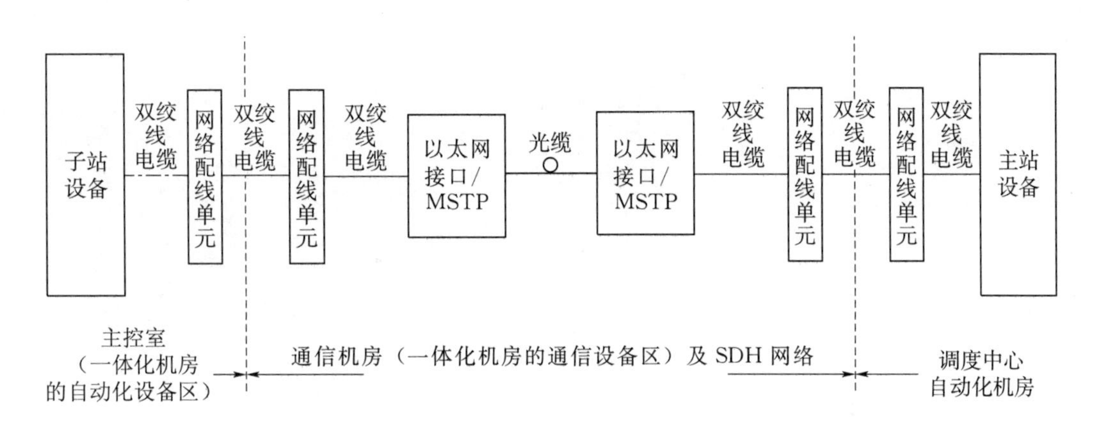

图1－13　调度自动化业务MSTP数据专线方式接入示意图

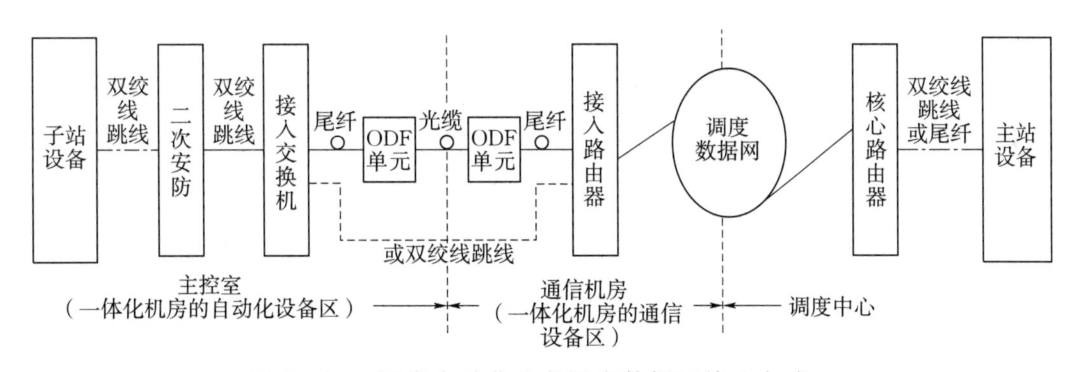

图1－14　调度自动化业务调度数据网接入方式一

注：通信机房接入路由器与主控室接入交换机/二次安防设备互联的部分可采用光纤连接或双绞线任意一种连接方式。

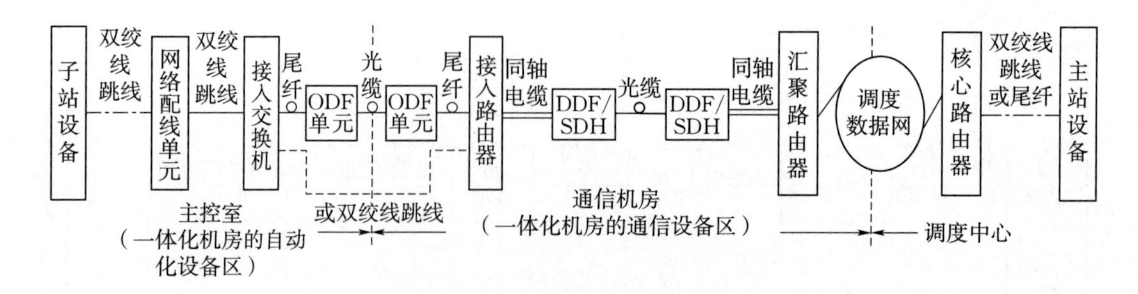

图 1-15　调度自动化业务调度数据网接入方式二

注：通信机房接入路由器与主控室接入交换机设备互联的部分可采用光纤连接或双绞线任意一种连接方式。

第二章

自动化专业管理

第一节　术语与定义

（1）自动化：是对电力系统进行测量、监视、控制、分析、运行管理的系统及其设备的总称，由主站端、厂站端系统及其设备经通信通道连接组成。其中，主站端包括主网和配网自动化、广域相量测量系统（WAMS）、水调自动化、视频及环境监控、调度运行管理、二次系统安全防护等系统的主站部分及相关辅助设施；厂站端包括为主站提供信息的发电厂、换流站、变电站、串补站、开关站自动化系统（含监控系统，远动设备，网络设备，测控设备、变送器等数据采集设备及相关二次回路）、同步相量测量设备（PMU）、视频及环境监控、二次系统安全防护、交流不间断电源（UPS）等设备及相关辅助设施。

（2）自动化关键系统：指直接影响电网安全和调度管理、必须保持可靠运行的自动化系统。自动化关键系统包括但不局限于：数据采集与监控系统（SCADA）、一体化电网运行监控系统（OCS）、能量管理系统（EMS）、配网自动化系统（DMS）、广域相量测量系统（WAMS）、相量测量装置（PMU）、一体化电网运行管理系统（OMS）和厂站监控系统以及远动装置等。

（3）自动化关键业务：指直接影响电网安全监控和调度管理，在自动化系统中必须保持可靠运行的关键功能。自动化关键业务包括但不局限于：前置数据采集和监控（SCADA）、电网调节和控制（遥控、遥调）、历史数据存储、计算机通信、电网在线分析应用（PAS）、在线分布式模型拼接和OMS的报表、检修管理、调度日志等功能。

（4）自动化关键节点：指为确保自动化关键业务可靠稳定运行的关键系统及设备。

（5）新入网自动化系统及设备：指尚未在云南电网10kV及以上电压等级系统应用的自动化系统及设备，或已入网运行经重大软硬件修改后的自动化系统及设备。

（6）电力二次系统安全防护：指为保障电力二次系统的安全，抵御黑客、病毒、恶意代码等的破坏和攻击，防止电力二次系统的崩溃或瘫痪，以及由此造成的电力系统事故或大面积停电事故的系统工程，包括在电力二次系统的设计、建设、运维等环节中综合采取的管理及技术措施。电力二次系统等级保护工作是提高电力二次系统安全防护水平的措施之一，属于电力二次系统安全防护范畴。

（7）安全防护设备：指实现电力二次系统网络及信息安全防护功能的系统或设备。如电力专用横向单向安全隔离装置、电力专用纵向加密认证装置、电力专用安全拨号网关、软硬件防火墙、入侵检测系统（IDS）、入侵防御系统（IPS）、恶意代码防护系统、部署在安全分区边界并设置了访问控制策略的交换机和路由器、电力调度数字证书系统、安全审计、网管、综合告警系统、公网专用安全通信网关、公网专用安全通信装置等。

（8）电力二次系统网络信息安全事件：指电力二次系统受到入侵或攻击、感染病毒或恶意代码，导致系统主要功能不可用或引发电网误调误控，以及系统被非法用户访问、关键数据被篡改、丢失或泄密等事件。

（9）自动化系统重大事件：指自动化系统主要功能失效，导致调度运行人员无法监视和控制电网，或发生误调误控电网运行设备的事件。

（10）运行缺陷：指自动化系统及设备运行中发生的异常或存在的隐患。这些异常或隐患将导致电网运行信息中断或错误，自动化系统及设备可靠性、稳定性下降，设备性能、响应时间、调节速度和数据精度不满足设计或使用要求等。运行缺陷按其影响的程度依次分为紧急缺陷、重大缺陷和一般缺陷三类。

1）紧急缺陷。紧急缺陷指直接威胁自动化系统及设备安全运行，随时可能造成电网/设备事故、电网/设备障碍或误调、误控电网运行设备，需立即处理的异常或隐患。

2）重大缺陷。重大缺陷指严重威胁自动化系统及设备安全但尚能坚持运行，不及时处理有可能造成电网/设备事故、电网/设备障碍或误调、误控电网运行设备的异常或隐患。

3）一般缺陷。一般缺陷指对自动化系统及设备安全运行有影响但尚能坚持运行，短期内不会劣化为紧急缺陷、重大缺陷的异常或隐患。

（11）作业指导书：指为保证过程受控而制定的现场作业标准程序，它是规定生产作业活动的途径、要求与方法的最细化和具体的操作性文件。

（12）应用专业：包括电网调度、方式、发电管理、水调、保护、通信、技术经济、调度安监、综合管理等部门。

（13）运行维护单位：按照自动化系统及设备归属，承担日常巡视、检修、改造，以及缺陷和故障的处理、统计和汇报等运行维护工作的单位。自动化主站端的运行维护单位一般由调度机构担任。发电厂、变电站自动化厂站端的运行维护单位由资产所属的各发电厂、发电企业、供电企业、用电企业的自动化运行维护责任部门负责。

（14）建设单位：承担自动化系统及设备新建、扩建、大修、技改等建设工作的责任单位。

（15）调度机构自动化值班员：负责自动化主站端运行监视，并负责调管范围内自动化运行指挥的值班人员。

（16）并网发电厂：接入云南电网运行的发电厂（包括火电、水电、风电、光伏发电等各类型电厂）。

（17）大型用电企业：建有自备发电厂或承担用户变电站运行维护职责的用电企业。

第二节　管理机构与职责划分

一、系统运行部（电力调度控制中心）

（1）负责贯彻落实上级颁布的自动化系统及设备标准、制度、细则等。

（2）负责自动化系统及设备的专业管理。组织、指导、协调、监督、评价、考核自动化系统及设备运维单位和调管范围内发电厂、用户的自动化系统及设备工作，负责向上级系统运行部报送自动化系统及设备的数据、信息等。

（3）参与编制、审查自动化系统及设备规划。

(4) 负责自动化系统及设备并网管理。

(5) 负责自动化系统安全防护管理。

(6) 负责自动化系统及设备的运行、风险、技术监督管理，组织开展自动化系统及设备运行、维护、检验和消缺工作，负责提出备品备件储备定额需求。

(7) 负责组织或参与自动化系统及设备相关的事故、事件分析。落实上级系统运行部下达的自动化系统及设备反事故措施。负责制定及下达自动化系统及设备反事故措施，监督执行，并报上级系统运行部备案。

(8) 负责自动化系统及设备的大修、技改专业管理。负责自动化设备报废的技术鉴定。

(9) 配合开展自动化系统及设备新技术试点及推广应用。组织自动化系统及设备技术交流和专业培训。

(10) 负责自动化系统及设备的运行评价管理，负责对自动化系统及设备开展运行统计、分析、评价及信息发布。

(11) 负责系统运行信息系统的规划建设、运行管理、应用推广和实用化等工作。

(12) 参与基建工程自动化系统及设备的可研、初设、设计审查和验收。

(13) 参与审查现场运行规程。

(14) 参与新入网自动化设备测试。

(15) 按时完成上级系统运行部下达的其他工作。

二、并网发电厂

(1) 贯彻执行调度机构颁发的各项标准、制度、细则、业务指导书、作业指导书等。

(2) 负责发电厂自动化系统及设备的运行维护工作，并按计划进行自动化系统及设备的检验。

(3) 负责自动化系统及设备运行统计分析工作并按时上报。

(4) 编制并向所属调度机构上报发电厂与自动化系统有关的技改工程计划，并按调度机构的审核意见组织实施。

(5) 提出自动化系统及设备计划检修或临时检修申请并负责实施。

(6) 负责或参加自动化系统及设备的安装、调试和验收。

（7）负责发电厂内自动化系统及设备的安全防护工作。

（8）执行调度机构下达的其他自动化专业工作。

第三节　管理规定要点

一、规划管理

（1）计划发展部是自动化系统规划归口管理部门，负责组织开展自动化系统规划工作，组织对相应规划报告的审查，并会同技改规划专业部门对技改规划报告进行审查，负责自动化系统规划技术原则的组织编制和发布。

（2）系统运行部负责参与自动化系统规划技术原则审查工作；参与自动化系统规划报告及技改规划报告中的项目可行性、必要性以及项目建设方案的内部审查；配合做好自动化系统现状分析及规划执行情况分析，提供自动化系统运行总结报告。

二、新设备准入管理

（1）系统运行部参与网、省公司系统运行部组织的自动化系统及设备入网测试、评价工作。

（2）各级系统运行部参与南方电网公司新入网自动化系统及设备的运行评价。

三、并网管理

（1）建设单位或业主应向调度机构提供新设备启动投产计划。

（2）建设单位或业主应按《远动四遥信息接入玉溪地调调度自动化系统工作指南》等规范，提前至少10个工作日向调度机构提交所有自动化设备（包括设备参数、远动定值单等）的信息上送表。

（3）设单位或业主应按要求在并网前5个工作日完成所有自动化系统及设备的通道调试，并在并网前3个工作日完成信息上送、数据核对工作。

（4）建设单位或业主应按要求向调度机构提交自动化设备并网申请和并网资料。

（5）建设单位或业主应按调度机构要求提交自动化设备信息台账资料。并网发电厂还应设专门的管理机构或专责人员负责自动化系统及设备的运行维护管理工作，并将运行维护管理人员信息提交调度机构。

（6）并网发电厂应在并网前向调度机构提交由具备资质的第三方机构出具的自动化设备复核性试验报告。

（7）调度机构自动化专业应建立并网设备接入自动化主站端工作流程，按工作流程开展相关工作。

（8）并网自动化系统及设备应满足相关技术标准及反措等规定要求，并经验收合格。凡不符合要求的，调度机构有权不予并网。

（9）并网发电厂应在并网前按照《云南电网新建发电机组并网调度服务指南》要求完成相关工作。

四、运行管理

（一）年度运行方案管理

（1）系统运行部负责编制并发布一体化电网运行智能系统（OS2）年度运行方案。

（2）年度运行方案应至少包括以下内容：

1）自动化主站、厂站的运行需求。

2）自动化装备规模，包括主站、厂站自动化系统及二次安防等设备规模。

3）自动化系统运行风险分析及防控措施。

4）主站、厂站自动化系统投运、改造计划。

5）主站、厂站自动化系统定检计划。

6）年度自动化运行重点工作及要求。

（3）年度运行方案发布后，各单位应严格执行，并每月向上级系统运行部报送工作执行情况。

（二）值班管理

1. 值班方式

（1）自动化主站端系统运行应安排专人值班。原则上应实行 24 小时现场值班。如因人力资源原因 24 小时现场值班无法运转，应制订特殊运行值班方案，报上级主管部门批准。

（2）自动化主站端系统应设置固定的值班电话，并配置专用值班手机，自动化值班员必须保持电话 24 小时畅通。

（3）厂站可不设专职自动化运行值班人员。厂站端自动化系统及设备的巡视应纳入厂站现场运行规程、规定内容，由变电运行值班人员负责。厂站自动化运维人员应实行 24 小时候班制度，确保发生异常与故障后能进行应急处理。

（4）自动化系统如出现运行不稳定情况，运行单位应采取措施加强运行值班，必要时采用 24 小时现场值班制。调度机构有权根据实际情况，要求下级运行单位采取措施加强运行值班，必要时采用 24 小时现场值班制。

2. 值班员要求

（1）值班员应经过专业培训及考试，合格后方可上岗。脱离岗位半年以上者，上岗前应重新进行考核。自动化新设备、新功能投入运行前，必须对值班及维护人员进行技术培训和技术考核。

（2）值班员应遵守国家、行业企业的有关规程、规定、标准和制度。具有较强的安全生产意识，工作认真负责。

（3）值班员应掌握电力系统运行基本知识，了解所属电网运行特点和方式。

（4）值班员应熟悉自动化各种异常及故障情况，具备各种异常及故障的判断能力。应熟悉异常及故障处理流程，具备按预案执行事故处理的能力。

（5）值班员应掌握电气安全的基本常识，掌握防火安全基本常识，熟悉运行范围内的消防器材的分布及使用。

3. 主站值班职责

（1）负责自动化关键业务的运行监视。

（2）负责自动化主站端的值班巡视，并填写巡视记录。自动化关键系统，巡视周期不低于每日两次；自动化运行环境及辅助系统，巡视周期不低于每日一次；其他自动化系统，巡视周期不低于每周一次。

（3）负责自动化主站端系统及设备的维护安全管理，执行维护工作的开工、完工手续，落实各项安全措施，并对工作过程进行安全监督。

（4）负责许可调管范围内自动化检修的开工、完工手续，配合厂站及下级主站开展相关检修、调试和故障处理，执行主站各项安全措施。

（5）接受上级调度机构自动化值班员的监督，对下级调度机构自动化值班员实施监督，配合运行值班人员及时处理故障。

（6）负责值班期间自动化系统及设备的异常处理及运行事件上报。

（7）保证自动化机房区内设施安全，监督在机房工作人员严格遵守机房管理有关规程规定，如发现工作违规或可能影响运行安全，有责任和权利暂停或终止工作。

（8）负责机房安全防卫工作，并保持运行环境及运行设备的整洁。

（9）负责正确填写运行日志并做好交接班工作。

4. 厂站值班职责

（1）厂站变电运行值班人员应定期对自动化厂站端系统、设备、专用电源进行巡视、检查与记录。

（2）自动化厂站端系统及设备的各项运维工作应按照现场规程规定，严格执行“两票三制”，执行工作的许可、开工、完工手续，落实各项安全措施，并对工作过程进行安全监督。

（3）厂站变电运行值班人员发现自动化故障、异常，或接到故障、异常通知后，应立即联系厂站自动化运维人员进行处理。影响调度电网监控的，还应立即报告所属调度机构当值调度员并采取相应措施。

（4）厂站自动化系统运行应纳入厂站变电运行值班交接班制度管理，确保系统值班职责不间断。

（三）运行维护内容和要求

（1）自动化运行维护分为数据维护和系统维护。数据维护包括自动化系统的各类数据、参数、告警、公式以及画面等维护工作；系统维护包括自动化系统的硬件、软件及网络等维护工作。

（2）工作负责人须提前征得自动化值班员许可并办理相关手续后方可进行自动化主站端的运行维护工作。影响或可能影响电网监控和调度工作的维护工作，自动化值班员应提前通报当值调度员，经调度员同意后方可安排。

（3）自动化厂站端运行维护工作，工作负责人应按照现场规程规定要求，履行工作票手续。

（4）自动化运行维护工作，如影响转发上级自动化主站端实时数据，应提前在计划检修申请或非计划临时申请中明确工作影响范围和受影响的具体数据，上级调度机构自动化值班员依据申请内容在工作前完成主站数据封锁等安全措施。

（5）自动化主站端进行影响转发下级自动化主站或厂站实时数据的工作，应提前通报下级主站或厂站，在下级自动化主站或厂站端完成安全措施后方可工作。

（四）定期检验管理

（1）自动化系统应按照相应检验规程或技术规定进行检验工作，其检验周期和检验内容应根据各设备的要求和实际运行状况在相应的现场专用规程中规定。

（2）自动化主站关键设备应每季度进行一次检验，其检验方式、检验内容应根据各设备的要求和实际运行状况在相应专用规程中规定。

（3）自动化厂站端设备宜每2～4年进行一次部分检验，全检周期最长不超过6年，其检验方式、检验内容应根据各设备的要求和实际运行状况在现场专用规程中明确。

（4）与一次设备相关的自动化厂站设备（如变送器、测控单元、电气遥控和AGC遥调回路、相量测量装置等），其检验应尽可能结合一次设备的检修进行。

（5）各类电工测量变送器和仪表、交流采样与测控装置、电能计量装置是保证调度自动化系统测量精度的重要设备，应按《电工测量变送器运行管理规程》（DL/T 410—1991）和《交流采样远动终端技术条件》（DL/T 630—1997）规定进行检验。

（6）自动化运行维护单位应针对典型的监控系统、远动设备、测控装置、网络设备、UPS系统、时间同步装置、AGC、AVC、PMU装置等，编制执行配套的作业指导书，规范设备定检作业。

（7）运行中设备的检验，影响已经投运业务的新安装设备验收检验，应详细分析检验的影响范围，严格履行相应检修手续。

（8）检验前，运行维护单位应明确检验的内容和要求，备齐图纸资料、备品备件、测试仪器、测试记录、检修工具等，确保检验工作在批准的时间内完成。

（9）厂站开展检验工作时，必须遵守有关规程规定，并按作业指导书开展。确保人员、设备的安全以及设备的检验质量。

（10）未经所管辖调度机构自动化值班员的许可，未做好相关安全措施，不得开展可能影响调度自动化系统量测结果的检验工作。

（五）检修管理

（1）自动化系统及设备检修，应采取安全措施，屏蔽局部可能的数据异常对相关调度机构自动化系统的影响。

（2）自动化系统及设备检修，应按规定在工作前后完成对被影响调度机构自动化值班员的通报，确保自动化值班员了解被检修对象及影响范围。

（3）与电网一次设备紧密相关的厂站自动化设备检修工作从属于一次设备检修一并安排。

（4）运行维护单位根据系统运行需要在每月20日前向省调申报的次月检修工作，以及配合其他单位或新设备接入的检修工作认定为计划检修。

（5）设备因缺陷、故障、异常等原因需紧急停运的或已经强迫停运的设备抢修，以及处理运行缺陷开展的临时检修等工作为非计划检修。

（6）自动化系统及设备的检修应通过检修管理系统向所属调度机构上报检修申请，说明检修内容和影响范围，必要时提交检修方案。

（7）省调管辖的自动化系统及设备检修至少在开工前2个工作日上报检修申请，获批准后方可实施。

（8）对电网运行或发供电能力影响较大的检修，至少在开工前5个工作日将检修申请和相关工作方案上报管辖自动化系统及设备的调度机构。

（9）自动化系统的事故抢修可直接向所属调度机构自动化值班员口头申请，自动化运行维护人员应向所属调度机构自动化值班人员报告故障情况、影响范围，在得到同意后方可进行工作。自动化系统失灵等紧急情况下，可先进行处理，处理完毕后尽快将故障处理情况报所属调度机构自动化值班人员。

（10）自动化厂站端设备进行检修工作时，应采取可靠措施防止误调、误控，防止与电网运行状态不一致的信息上传各级调度机构；必要时，可申请各级调度主站配合做好相应措施。

（11）自动化主站系统进行控制功能检修和测试时，应采取可靠措施防止误调、误控，防止与电网运行状态不一致的信息发送各级自动化主站；必要时，可申请各级自动化主站及厂站配合做好相应措施。

（12）自动化系统及设备检修工作开始前，检修工作负责人应与所属调度机构自动化值班员联系，申请开工。应完成检修申请单编号、检修申请的工作内容、工作要求、影响范围和批复意见的核对，核实各级调度自动化主站系统已完成系统安全措施，在自动化值班员同意后方可开始工作。

（13）自动化系统及设备检修应严格按照检修批复要求进行，禁止超范围工作。检修期间，如系统发生异常，应立刻停止工作并恢复系统业务，同时通报所属调度机构自动化值班员，说明异常情况。

（14）如检修工作不能按期完成，检修工作负责人应向所属调度机构办理延期，原则上检修申请工期未过半以前提出延期申请，说明延期原因并办理延期手续。

（15）检修结束后，检修工作负责人应及时通知相关调度机构自动化值班员，汇报工作情况，核实各级自动化主站已解除系统安全措施，确认相关信息正确后，申请终结检修票。

（六）缺陷管理

（1）自动化运维人员发现缺陷或接到缺陷处理通知后，应及时对缺陷情况进行分析，填写自动化系统缺陷处理单，完成缺陷定级。

（2）自动化运维人员负责组织缺陷的处理过程，根据缺陷的紧急程度优先安排紧急程度较高的缺陷处理工作，缺陷处理时限须满足缺陷管理要求。

1）紧急缺陷应立即安排处理并在 2 小时内消除或降低缺陷等级。

2）重大缺陷应在 24 小时内处理并在 72 小时内消除或降低缺陷等级。

3）一般缺陷应在 72 小时内处理，暂时不影响系统运行或电网监控的缺陷可安排在月度检修计划中处理，处理时间不得超过 2 个月。

（3）对短期内无法消除的紧急和重大缺陷，应设法降低缺陷级别，以降低缺陷对安全运行的威胁。

（4）缺陷处理结束后，由自动化运维人员会同运行人员进行缺陷处理验收，维护人员应详细记录处理情况及结果。

（5）各自动化运行单位每月底对本单位缺陷情况进行汇总分析，对缺陷的消缺率和及时消缺率进行统计分析，消缺指标须满足缺陷管理要求。

1）紧急缺陷消缺率：100％。

2）重大缺陷消缺率：90％。

3）一般缺陷消缺率：65％。

4）紧急缺陷消缺及时率：100%。

5）重大缺陷消缺及时率：85%。

6）一般缺陷消缺及时率：65%。

（6）缺陷消缺率和及时消缺率计算公式如下：

$$缺陷消缺率=\frac{消除缺陷项数}{统计周期内存在、发现的缺陷总项数}\times 100\%$$

$$及时消缺率=\frac{按时完成消缺项数}{应消缺总项数}\times 100\%$$

（7）调度机构和自动化运行单位应定期开展自动化系统运行缺陷分析，按设备类别、型号、厂家等，对缺陷原因进行统计、分析和评估，并提出相应防范措施或建议。

（8）对于调管范围内典型的自动化系统缺陷，调度机构根据缺陷整改要求，向自动化运行单位下达缺陷整改通知。

（9）自动化运行单位接到调度机构下达的典型缺陷整改通知，或运行中发现典型自动化系统缺陷，应组织开展消缺整改工作。

（10）自动化系统主站运行缺陷定义。

1）紧急缺陷。

a. 自动化系统关键服务器或关键功能故障。

b. 重要调度生产管理信息处理、报送故障。

c. 安全防护关键设备不可用。

d. 自动化系统关键网络中断。

e. 自动化系统供电电源中断。

f. 自动化机房空调系统故障（可能导致自动化设备过热宕机）。

2）重大缺陷。

a. 自动化系统关键冗余服务器单机故障。

b. 自动化系统关键服务器进程异常但暂未导致系统功能不可用（如CPU负荷、磁盘空间、网络流量异常增长）。

c. 转发上级调度机构关键数据异常。

d. 安全防护设备冗余节点单节点故障。

e. 自动化系统网络冗余节点单节点故障。

f. 自动化系统冗余电源中单点故障。

g. 自动化机房空调系统故障（暂未影响自动化设备正常运行）。

3）一般缺陷。

a. 设备老化（运行不稳定、备品备件缺乏）。

b. 运行监视或告警等辅助功能故障。

c. 状态估计、调度员潮流间断性不收敛。

d. 模型拼接系统运行不稳定。

e. 转发上级调度机构非关键数据异常。

f. 其他主站调度自动化系统非关键异常或隐患。

（11）自动化系统厂站运行缺陷定义。

1）紧急缺陷。

a. 冗余远动工作站或 RTU 双机故障。

b. 远动数据采集双通道中断。

c. AGC、AVC 软件或硬件故障。

d. 自动化系统电源故障。

e. 网络设备故障。

f. 重要遥测、遥信数据（省间联络线、主要发电厂机组发电出力及关键站点电压等）测控装置故障。

g. 二次安全防护装置故障（影响调度自动化关键业务）。

h. 无人值班站遥控功能失灵。

2）重大缺陷。

a. 冗余远动工作站或 RTU 单机故障。

b. 远动数据采集单通道中断。

c. PMU 装置故障。

d. 非关键数据测控装置故障。

e. 冗余供电电源单点故障。

f. 冗余网络设备单节点故障。

g. 对时设备故障。

3）一般缺陷。

a. 远动机工作站或 RTU 应用功能不完善。

b. 冗余对时设备单点故障。

c. 二次安全防护装置故障（不影响调度自动化关键业务）。

d. 其他厂站调度自动化系统非关键异常或隐患。

（七）反措管理

（1）各级调度机构应根据电网运行需要及时制定调管范围内自动化系统及设备的反事故措施并监督实施。

（2）各级调度机构制定的相关反事故措施应报上级调度机构备案。

（3）自动化运行维护单位应严格执行上级颁发的自动化系统及设备反措要求，按期完成反措。

（4）自动化系统设计单位进行自动化系统的设计时，应执行相关反措规定。

（5）自动化系统施工单位在进行自动化系统设备安装调试时，应符合相关反措要求。

（八）运行环境

（1）自动化设备的电源应稳定、可靠，采用冗余的不间断电源，并满足《南方电网调度自动化系统不间断电源配置规范》（Q/CSG 115001—2012）的要求。

（2）自动化主站机房应采取有效的电磁屏蔽。

（3）自动化主站机房应恒温恒湿，温度在20～25℃、湿度45％～55％。

（4）自动化设备及屏柜安装时应考虑防雷、防震，金属外壳应与接地网牢固连接，接地电阻不大于0.5Ω。

（九）备品备件管理

系统运行部负责提出备品备件储备定额需求，相应物资部门根据储备定额需求制订储备方案，并负责补仓工作。

（十）运行分析和考核

（1）系统运行部应建立常态化的运行分析机制。按月开展综合运行分析；结合运行实际及时开展专题运行分析。有关分析材料应形成专门记录归档。

（2）综合运行分析应总结本级电网分析周期内的自动化运行情况，重点关注运行风险的挖掘与辨识，典型内容包括但不限于以下几点：

1）结合电网重大事件、重大运行方式调整，开展自动化相关运行情况分析。

2）针对自动化系统运行重大事件及异常事件开展分析。

3）自动化主站端系统及辅助设备运行分析。

4）运行值班、应急处理、两票执行、检修执行与缺陷管理等典型工作情况分析。

（3）专题运行分析是针对运行重大突发事件不定期开展的专项分析，目的是及时分析事件原因，明确运行风险并提出应对措施，分析预案的有效性、准确性以及改进措施，落实临时及长期运行管控要求。自动化系统发生运行重大突发事件，运行维护单位应在事件完成处理后48小时内召开专题运行分析会。

（4）系统运行部应编制年度自动化运行分析报告。报告中应结合历年的报告及数据，对系统的运行情况进行分析对比，对分析周期内的重大运行事件进行分析。

（5）系统运行部负责对下级单位及调管电厂的自动化运行情况进行考核。

五、统计分析评价管理

（1）系统运行部对自动化系统及设备进行定期统计、分析和评价，并逐级上报。

（2）系统运行部定期向物资部提交自动化系统及设备的厂家服务和设备运行评价结果，作为自动化设备供应商评价依据之一。

（3）系统运行部定期向公司物资部提交自动化系统及设备测试机构的技术和服务评价结果，作为测试机构管理的依据之一。

六、风险管理

1. 自动化系统状态评价

（1）各单位应按照相关技术规范规定的状态评价方法，开展自动化主站端、厂站端系统状态评价计算，确定自动化系统的运行状态。

（2）自动化系统状态评价每年须至少进行一次，评价结果报送上级系统运行部备案。

2. 自动化系统运行风险量化评估

（1）风险评估应分析风险的危害（损失）和风险发生的可能性（概率），综合评估风险的大小，确定风险的等级。自动化系统风险评估内容包括自动化系统自身风险评估和因自动化系统异常可能影响电网安全及供电的电网风险评估。风险评估方式包括基准风险评估和基于问题的风险评估。评估和量化分析方法应遵守相关技术规范。

（2）各单位根据自动化系统风险量化评估结果，通告相关部门，制定风险防范措施，防止风险范围扩大，避免风险危害的发生，并尽可能早地消除风险。

（3）各单位自动化系统运行风险量化评估结果，须报送上级系统运行部备案，并根据风险的新增、消除情况滚动更新。

七、二次系统安全防护管理

（1）系统运行部负责相应级别电力二次系统安全防护专业管理和技术监督。

（2）电力二次系统安全防护工作应当坚持“安全分区、网络专用、横向隔离、纵向认证”的原则。

（3）电力二次系统运行维护单位应建立相应的电力二次系统安全防护运行管理机制，应有专人负责本单位电力二次系统安全防护各项工作。自动化专业负责电力二次系统安全防护的总体结构、边界防护设备及其安全策略的运行管理。

（4）电力二次系统安全防护设备应随电力二次系统同步设计、同步施工、同步验收、同步投运。

（5）新建并入玉溪电网运行的变电站（集控站）、发电厂在并网前须完成电力二次系统安全防护建设。

（6）电力二次系统运行维护单位应加强电力二次系统安全防护资料的保密管理，采取专人管理、文档加密等管理和技术手段，加强管控，避免资料外泄。

（7）电力二次系统运行维护单位应定期检查、备份电力二次系统安全防护策略，妥善保存运行日志和测试记录，建立完整的资料档案，并保持同步更新。

（8）电力二次系统安全防护结构或策略发生重大变化前，由电力二次系统运行维护单位向相应系统运行部提出书面申请，说明影响范围，经批准后方可实施，工作中不得影响安全防护整体水平。

（9）电力二次系统安全防护设备退出运行后，设备运行维护单位应对有关存储介质进行清理，按要求物理清除有关涉密资料。

（10）电力二次系统运行维护单位应按要求进行电力二次系统安全防护水平安全评估工作，上级系统运行部对安全防护评估工作的实施进行监督、管理。安全防护评估贯穿于电力二次系统的规划、设计、实施、运维和废弃阶段。电力二次系统在上线投运之前、升级改造之后必须进行安全评估，已投入运行的系统应该定期进行安全评估，对于电力生产监控系统应该每年进行一次安全评估，评估结果应及时向上级系统运行部汇报、备案。

（11）电力二次系统运行维护单位应按要求对电力二次系统分等级实行安全保护，上级系统运行部对等级保护工作的实施进行监督、管理。电力二次系统的安全保护等级确定后，运行维护部门应当按照有关规定，开展系统安全建设或者改建工作。电力二次系统建设完成后，运行单位应按照要求定期对系统安全等级状况开展等级测评。电力二次系统等级测评工作应和电力二次系统安全防护评估工作同步进行。原则上，第三级信息系统应当每年至少进行一次等级测评。第四级信息系统每半年进行一次等级测评。

（12）运行中的调度机构、变电站（集控站）、发电厂，不满足电力二次系统安全防护要求的，应实施技术改造。未完成技术改造而导致电力二次系统网络信息安全事件的，应追究责任。

八、应急管理

1．预案管理

（1）自动化系统应急预案的编制、执行和更新是一个闭环管理过程，其内容应根据实际运行情况和设备变更情况及时更新。

（2）各单位应建立辖内自动化系统可行的事故处理预案库，并负责预案库的执行和维护。

（3）预案应实用化、程序化、规范化，规范所有相关人员的故障处理行为。预案一经制定并通过审批，即作为典型故障处理的依据，必须严格遵照执行。

(4) 所有预案均应验证其正确性，并定期进行演习。

(5) 各单位应组织预案的专项培训工作，运行值班人员、设备维护专责人员及预案中涉及的应急小组人员必须熟练掌握预案的内容。

(6) 一旦系统或设备发生故障，运行值班人员或相关维护人员应根据预案的定级以及启动条件的要求启动预案，并按预案所规定的步骤严格执行。

(7) 各单位应对预案演练与执行情况进行统计分析，对预案进行滚动完善。

(8) 预案的编制应至少包含但不局限于以下内容：

1) 自动化系统黑启动预案。

2) 自动化关键系统软、硬件故障预案。

3) 辅助设备故障预案。

2. 事件上报

(1) 自动化系统运行事件包括但不局限于以下内容：

1) 自动化关键节点设备出现故障，可能导致电网监控中断。

2) 自动化关键业务功能出现故障，可能导致电网监控异常。

3) 机房运行环境异常，可能导致电网监控中断。

4) 系统设备、通信设备或功能故障，可能导致对外传送的模型、图形、数据等信息中断。

5) 自动化主站系统报电网事故、低频振荡等信号。

6) 其他可能导致系统关键功能异常的事件。

(2) 发生上述事件后，运行单位应在1小时之内向所属系统运行部口头报告事件发生和处理的基本情况，24小时内通过书面分析报告形式汇报。

(3) 发生上述事件，造成超过3个厂站的监控中断，或发生误调误控，或对安全生产、调度管理造成重大影响的，除按要求上报所属系统运行部外，各级系统运行部须逐级上报，事件发生8小时内应口头上报至网公司系统运行部，并在2个工作日内向网公司系统运行部提供书面分析报告。

(4) 对于自动化主站系统报全站失压告警信号，本级系统运行部应在10分钟内核实信号真实情况并上报上级系统运行部，20分钟内逐级上报至网公司系统运行部，24小时内通过书面分析报告形式汇报。

九、大修、技改专业管理

(1) 运行维护单位申报自动化系统及设备大修、技改项目，生产设备管理部负责汇总，并将申报材料移交至相应系统运行部。

（2）系统运行部对自动化系统及设备大修、技改项目进行可行性、必要性审查，依据项目重要程度排序，形成自动化系统及设备技改项目清册，报送生产设备管理部。

十、退役及报废管理

（1）退役设备是指主要功能无法满足使用需要或因环保超标、能效超标、维护成本高、技术更新、迁移等情况而退出现役位置运行的自动化设备。经鉴定分为闲置设备和报废设备。

（2）闲置设备是指经鉴定未丧失其应具备的使用功能，且完好待用（含待修复）的退役设备。闲置设备纳入闲置物资管理。

（3）报废设备是指鉴定没有使用价值且完成报废审批手续的退役设备。报废设备还分为有处理价值的报废设备和无处理价值的报废设备。若无特殊说明，指有处理价值的报废设备。报废设备纳入报废物资管理。

（4）自动化系统及设备的退役及报废管理工作遵照《南方电网公司资产全生命周期管理体系导则》相关退役报废规范开展。

十一、版本与定值管理

（一）版本管理

1. 版本管理的基本原则

版本管理范围包括自动化主站、35kV及以上变电站、电厂自动化系统的版本管理。系统运行部应根据OS2技术标准、入网检测结果和系统运维需求进行版本管理。

版本管理按照逐级汇总，统一管理的方式开展。

2. 版本管理要求

（1）版本编码。版本按照“技术标准-标准版本-主站/厂站-等级-模块名称-入网检测版本-小版本（厂家产品编码）”的结构进行统一编码。具体编码规则参考《中国南方电网有限责任公司自动化版本管理业务指导书》。

（2）版本需求管理。版本的更新需求由各级自动化运行维护单位根据技术标准更新、入网测试和运维需求提出，由网、省、地三级专业管理部门分级审核，逐级汇总。

（3）版本测试管理。自动化设备/系统制造厂家根据版本需求开发完成相应的自动化设备/系统。具备测试条件后，由南方电网公司组织开展新版本的测试评估；版本测试原则上由经南方电网公司认可的第三方测试机构承担，包括南方电网公司系统内各级科研试验机构和公司认可的社会化专业检测机构；测试单位负责开展测试评估，出具测试报告。

3. 发布管理

版本测试合格后，由南方电网公司发布；省、地专业管理部门承接上级版本发布内容，进行本省区或地区版本发布。

4. 升级管理

运行维护部门负责对已发布版本进行升级。原版本存在一般缺陷的，允许新、老版本同时存在，可结合定检计划升级；原软件版本存在严重缺陷的，运行维护部门应制定相应的升级方案，限期组织整改；版本升级完成后，须开展后评估，合格后方可投运。

5. 台账维护管理

软件升级完成后，运行维护部门应及时更新自动化设备/系统台账信息，并报专业管理部门审核；专业管理部门审核合格后，完成台账信息归档。

（二）定值管理

1. 自动化定值整定范围

（1）自动化定值按照业务范围分为自动化主站定值与自动化厂站定值。

（2）自动化主站定值至少应该包括 AGC 定值、AVC 定值、EMS 远动（遥信、遥测、遥控和遥调）点表序号以及用于电网安全监视的告警定值（低频振荡监视、断面监视、限流告警等）。

（3）自动化厂站定值指厂站自动化系统中涉及调度监控业务相关的各系统的设定值，至少应该包括 AGC 定值、AVC 定值、厂站远动（遥信、遥测、遥控和遥调）点表序号、测控装置同期定值、VQC 定值。

2. 自动化定值整定原则

（1）自动化定值遵循全过程管理，保证各环节严格执行，对安装调试、试验、运行及维护等环节发现的问题，须及时修正。

（2）自动化定值整定原则上按照调管范围分级管理。

3．自动化定值整定流程

自动化定值整定的工作流程包括定值编制、定值审核、定值发布、定值执行、执行核实、存档等闭环管理环节。

4．定值编制

（1）定值由各级调度机构专业人员编制，调度机构有义务指导调管电厂和下级单位的定值编制。

（2）自动化主站定值编制一般由业务需求部门发起。

（3）自动化厂站定值编制一般由运行单位发起，也可以由调度机构根据需要发起。

5．定值审核

（1）自动化主站定值审核由本级调度专业管理部门组织进行，涉及上级调度机构的定值还需报上级调度专业管理部门进行联合审核。

（2）自动化厂站定值审核一般由厂站所属的调度机构组织进行。

（3）定值会审完成后由定值审核部门领导签发。

6．定值发布

（1）定值审核完成后，要生成不可修改的自动化定值单，盖章后发布给定值单执行单位。通过系统自动生成的不可修改的电子定值单可不盖章。

（2）定值单执行单位在收到定值单后要履行签收手续并做好相关记录。

7．定值执行

（1）定值单执行单位在接到定值单后3个工作日内执行完毕定值整定或定值修改。

（2）定值执行过程中发现与定值相关的异常要立即停止定值更改工作，并向上级专业管理部门反映。

8．执行核实

执行核实由与定值审核同级的调度专业部门负责组织完成，必要时需要由下级调度专业部门核实。

9．存档

各单位在执行完定值单后保存好相关的自动化定值资料，做好存档工作。

十二、信息管理

1. 一体化运行管理系统建设与运维管理

（1）省级系统运行部负责一体化运行管理系统（OMS）的规划建设、应用推广和实用化等工作。系统规划建设遵照《南方电网一体化电网运行智能系统（OS2）省级主站标准化设计指南》及《南方电网一体化电网运行智能系统（OS2）地级主站标准化设计指南》开展。

（2）系统运行部负责本单位OMS系统的软、硬件平台维护；公司系统运行部统一负责OMS系统功能模块的新增、修改、发布管理。

（3）系统运行部负责本单位数据中心的软硬件平台维护；确保本单位相关系统与数据中心的交互满足公司系统运行部数据中心相关规定。

（4）系统运行部负责供电局各部门、单位、所辖县级供电企业、地调直调电厂、所辖用电单位、所辖范围内施工、建设等单位的用户权限维护管理。

2. 信息共享与对外发布管理

系统运行部自动化系统之间应信息共享。下级系统运行部自动化系统（包括OCS/EMS系统、OMS系统）应根据上级系统运行部需要向上级自动化系统传送指定的信息。下级系统运行部可向上级系统运行部申请获取需要的信息。

十三、服务管理

（1）自动化专业是自动化应用管理的归口专业，负责相关应用功能全生命周期的过程管理。

（2）各应用专业负责本专业对自动化系统相关新建或改建应用的需求分析，提交应用需求，并安排专人负责跟进需求实现工作。

（3）自动化专业应积极响应应用专业提出的功能需求，分析可行性，给出相应工作建议，并按商定的工作计划完成相关功能需求的开发。因客观因素制约导致业务需求不具备开发条件时，自动化专业应主动解释原因，征得应用专业的理解。

（4）对于跨专业的应用需求，牵头专业应整理汇总各专业需求，统一提交自动化专业。

（5）应用专业应参加本专业使用的系统或应用功能的验收，并对其可用性负责。

（6）应用专业负责本专业应用功能的正常使用和维护，确保功能正常运行，相关数据和内容满足运行要求。

（7）自动化专业负责已开发应用功能的运行评价，分析提出应用功能优化建议，淘汰长期不使用或很少使用的应用功能模块。

（8）应用专业可根据自身的业务需要对已投运的模块或开发中的模块提出取消申请，涉及其应用专业的，需征得其他专业的同意。

十四、资源管理

（一）设备信息台账管理

（1）调度机构应建立完整的自动化设备信息台账，范围至少包括地级调度机构、县级调度机构、管辖的变电站、直调电厂、共调电厂、接入本地区电网的用户变的自动化设备。台账内容至少包括自动化设备的数量、型号、软件版本等，本级调度机构的自动化设备台账还要包括自动化主站设备安装接线图、原理图。

（2）供电局、并网发电厂应建立自动化设备信息台账变更、报送流程制度，根据自动化系统的投产、改造、退役等对自动化设备信息台账进行更新，并每月按要求报送上级调度机构。

（3）调度机构应按照上级机构要求报送自动化设备信息台账，在报送的自动化设备信息台账变更时及时通知上级调度机构。

（二）系统运行数据管理

1. 职责划分

（1）自动化专业是系统运行数据的总体归口管理专业，负责制定和修订系统运行数据管理流程，组织和协调跨专业的数据管理问题，负责运行数据质量的考核评价。

（2）数据归口管理部门指对电网运行某类或某个数据的质量进行归口管理的部门，一般为数据所属业务的管理部门。数据归口管理部门负责归口数据的定义和公式等的制定、修订和解释，负责归口数据的对外发布、查询、使用权限的管理。

（3）数据技术支持部门指对电网运行数据进行自动采集、存储、备份，或为其他专业进行数据录入、统计分析技术系统的部门，一般为自动化部门。数据技术支持部门负责数据的技术实现，响应数据使用部门对运行数据的后续改进、变更需求，相关技术支持系统的维护、巡检。

（4）数据使用部门指对电网运行某类或某个数据进行查询、分析或操作的部门。

（5）每个电网运行数据唯一对应一个数据归口管理部门、一个数据技术支持部门以及多个数据使用部门。

2. 实时数据管理

（1）自动化主站端应直接采集调度管辖范围内厂站及与本调度机构运行密切相关厂站的运行数据。接入自动化主站端的厂站，应按照调度机构要求，遵照约定的通信方式、标准规约、数据点表格式及相关参数配置自动化厂站端系统及设备，正确上送数据。

（2）按照分级负责原则，自动化厂站端运行维护单位对其送出的运行数据的准确性负责，自动化主站端运行维护部门对送出的运行数据的准确性负责。数据的运行维护单位应定期对送出的运行数据进行核查。

（3）上下级调度机构之间应实现运行数据共享。下级调度机构自动化系统应根据上级调度机构的需要向其传送指定的运行数据。下级调度机构可向上级调度机构申请获取需要的运行数据。

3. 历史数据管理

（1）与电网运行监视密切相关的运行数据应能够按照相关规范的存储周期要求进行存储。OCS 系统应支持 1 秒钟、5 分钟、15 分钟等存储周期。

（2）自动化主站系统的重要运行数据，应至少满足 3 年的存储要求。

（3）自动化主站系统运行维护单位应对历史数据进行定期检查，抽查不同时期、不同类型测点的历史数据是否能正常调阅。应按照系统类别或数据重要性对历史数据进行定期备份，自动化主站系统的重要运行数据应实现日级别自动增量备份。

第三章

调度自动化主站系统维护

第一节　E8000 系统维护

一、数据库基本维护

（一）概述

数据库维护界面是面向数据库的应用人机界面，主要用于各类参数表数据的添加、删除和修改及浏览等操作，支持 Alpha，SUN sloris，HP－UNIX，IBM－AIX，Linux 等主流计算机操作系统。

1. 启动进程

在终端的提示符下键入命令：g3_dbui，运行后会弹出用户登录界面，选择组名用户名输入密码验证成功后弹出数据库维护界面。

2. 主界面介绍

主画面主要有菜单、工具条、窗口客户区和状态条。左侧菜单是下拉弹出式的，分为 SCADA、AGC、前置系统、PAS 等部分，展开可见各子目录下详细内容。

（二）数据库的使用

在表格或弹出的对话框中修改参数时只会修改当前表格中的内容，不会修改到关系库。增加一条记录时记录的前面会有●标签，当前记录状态为新增加；修改一条记录时记录前面会有●标签，当前记录状态为已修改，修改域背景色着色为淡蓝色；删除一条记录时记录前面会有●标签，当前记录状态为已删除。

1. 快速查找类名

由查找类名按钮和查找字符输入框组成。在 g3_dbui 主画面左边的类名树形列表中选中某一个父类后，在查找字符输入框输入类名的汉字拼音首字母后按 Enter 键，光标会自动定位到查找到的项目。

2. 工具栏的使用

工具栏见图 3-1。

图 3-1 工具栏

(1) 刷新类名列表。重新读取左边的类配置文件并创建树形列表。

(2) 刷新表格。重新从数据库读取当前表并刷新到表格。

(3) 从数据库搜索记录。按下此按钮后会显示当前表的数据库条件查询界面，在查询界面可以输入查询条件后按条件进行搜索过滤记录。

(4) 从表格筛选记录。在表格中选中某一个域后点击此按钮可以弹出设置当前表的过滤条件的对话框，在对话框中可以选择"整字匹配""包含字符""不含字符""全部显示"等条件进行条件选择，在条件值设置完成后点击确认，表格会显示满足设置条件的记录。

(5) 从表格查找/替换字符串。界面中有"查找""替换""替换所有""关闭"几个选项按钮，还可以选择"查找时区分大小写""查找时进行全字匹配""只选中最新查找到的条目""替换所有时仅处理选中部分"等选项。

1) "查找"：在查找字符输入的前提下，每单击一次此按钮就会在表格中向后搜索一次，并且光标定位在最新查找到的条目上。

2) "替换"：在查找字符和替换字符输入的前提下，单击一次"查找"按钮后光标定位在最新查找到的条目上，此时单击一次"替换"就会把最新查找到的条目替换为输入的替换字符。

3) "替换所有"：点击此按钮时，根据"替换所有时仅处理选中部分"标志来决定是替换表格中的所有内容还是替换表格中选中部分的所有内容。

4) "查找时区分大小写"和"查找时进行全字匹配"比较容易理解，在此不再做过多说明。

5) "只选中最新查找到的条目"：单击查找前如果勾选此按钮，则查找时只对最新查找到的条目进行着色，前面查找到的条目不再着色；如果没有

勾选此按钮，则对查找到的条目全部着色。

（6）保存到数据库。在弹出的对话框中，单击保存按钮后将会把表格中的所有记录重新保存到关系库。

（7）保存选中的记录到数据库。先选中需保存的记录，单击保存按钮后将会把表格中的所有记录重新保存到关系库。

（8）插入一行空记录。单击此按钮后会在当前记录的下面增加一行空记录，需要根据情况输入各个域的值。此操作比较麻烦很少使用。

（9）插入选中的行。在表格中选中某条或多条记录后单击此按钮，会在选中记录的后面新增选中行的记录，新增后可以根据情况修改某些域。

（10）复制选中的域。在表格中选中某一列或所有列的多行内容，单击此按钮后会把选中的内容放到粘贴板，以供粘贴时使用。

（11）粘贴到选中的域。在单击复制选中的域之后，在表格中选中某一列或所有列的多行内容，单击此按钮会把刚才复制的内容粘贴到选中的域中。

（12）删除选中的行。在表格中选中某条或多条记录后点击此按钮，可以发现选中的记录前面的标签栏打上了删除标志，单击或按钮后就会从数据库删除掉打上标志的记录。这样可以方便地进行批量删除操作。

（13）对有删除标志的行取消删除。对表格中已经打上标志的记录，选中后单击此按钮后会取消其删除标志，这样再进行保存时就不会删除此记录。

（14）批量修改某一列的值，可以跨行选择进行修改。在按钮按下的条件下可以把某一个域选中条目的值批量修改为输入的值，可以连续选择也可以跨行选择。

（15）按下此按钮后，通过对话框选择来设置依赖于数据库的域。在按下此按钮的条件下，单击“判事故方式”域的某条记录时弹出选择对话框。

（16）按下后可对表格双击修改。在此按钮按下的状态下可以对表格中的某条记录的某个域鼠标双击后进行修改。

（17）按下后可固定当前表格选中的域。先在表格中选中某个域，然后单击此按钮，可以看到当前选中的域值出现在前面的信息栏，这样对于属性较多的表格来说，鼠标拖动水平滚动条时方便查看固定域的内容。

（18）查看错误日志。单击此按钮可以弹出错误日志查看窗口。

（19）新建窗口。单击此按钮后会打开一个新的数据库维护界面。

（20）重新登录。单击此按钮后会弹出登录的对话框，弹出后要想继续编辑或浏览参数必须重新登录。

（21）退出程序。单击此按钮后会弹出是否退出的提示框，确认后退出数据库维护界面应用程序。

（22）参数导入。单击参数导入，会启动 g3_dbparaimp 参数导入工具，对数据库进行批量内容导入。

二、图形基本维护

（一）绘图包简介

绘图是电力系统自动化一项重要的工作，绘图工具的功能、图形质量的好坏，直接关系到最终调控员使用情况。E8000 系统绘图包的最初版本是在 UNIX 系统上运行的，其界面风格为 X/Motif。经过多年的改进，在 2004 年采取 Qt 技术后，绘图包的各项功能逐渐成熟，界面风格也日趋美观、统一，并逐渐形成了一个绘图包的 Qt 版本。E8000 系统绘图包的全部操作完全基于人机接口而进行，人机接口的所有操作已实现 100％的鼠标化，操作起来更加方便、灵活、快捷、直观，同时也定义了快捷键操作，使操作更加简单方便，可以单独使用鼠标，也可以鼠标键盘混合使用。

（二）绘图包的使用

用户在终端上输入 g3_paint，启动绘图包，系统会弹出登录验证窗口。当登录成功后，绘图包会显示绘图包主界面，并默认新开一个作图窗口。窗口包括标题区，菜单区，工具栏，工具面板，属性面板及绘图区部分。

（三）绘图功能介绍

1. 基本图元

基本图元主要是指组成画面的一些基本平面几何图，如点、线、矩形、多边形、弧、圆、曲线、文本、图像、渐变色区域等；基本图元一般是静态的，即不能订制。

2. 复合图元

复合图元包括棒图、曲线（实时、多曲线）、动态数据（模拟量、状态量、计算量等)、动态点、适配线、仪表盘、刻度尺、三维饼图、按钮(热点)、负荷率饼图等。复合图元通常包含显示属性和数据访问属性两种属性。显示属性指图元显示所需的一些属性，如大小、位置、前景色、后景色、字体等。数据访问属性则指图元对参数库的访问属性，通常是设备 ID 或点 ID，或者是内存库属性名。

3. 电力设备图元

电力设备图元主要包括开关、刀闸、发电机组(水电、火电)、变压器(三相、两相、自耦)、电容器、电抗器、连接端点、接地、模板连接端点、连接线、线路、接地、模板、母线、负荷、互感器(电流互感器、电压互感器)、厂站、馈线、标志牌、故障标记，以及其他一些常用无设备参数图元，如避雷器、补偿装置、熔断器等。电力设备图元引入了图-模-库一体化技术。电力设备图元是以电力设备为描述对象，完成以电力设备为中心的各种量测量的显示、数据库录入及更改。电力设备图元一般用于绘制电力接线图。在绘制接线图时，程序将检查并建立接线图上各电力设备的电气连接关系，填写相应的数据库表。

4. AVC 图元和 AGC 图元

这两类图元是复合图元的扩展，应用到 AVC 和 AGC 功能中。

(四) 绘图的重要原则

每个厂站绘制一幅接线图，也可以把多个厂站绘制在同一幅图上(多厂站绘制在一幅图上的不能作为连接关系入库的图形)。系统图要与厂站图分画在不同的图上，可以画一幅或多幅系统图。厂站图的连接关系要优先入库，由绘图包自动批量完成；T 接图最后入库，如果各图中有重复或者矛盾(简化)的连接关系，应该让连接关系最详细的厂站图优先入库。先入库图形的连接关系优先考虑，之后出现重复或者矛盾(简化)的连接关系时不予入库。

三、自动电压控制

(一) 自动电压控制系统概述

自动电压控制(automatic voltage control，AVC)，是指以电网调度自

动化系统的SCADA系统为基础，以对电网发电机无功功率、并联补偿设备和变压器有载分接头等无功电压调节设备进行自动调节，实现电网电压和无功功率分布满足电网安全、稳定、经济运行为目标的电网调度自动化系统应用模块或独立子系统，简称AVC。该系统能根据电网的实时状态给出控制策略，并实现策略的闭环控制，所给出的控制策略符合无功分层分区就地平衡的原则，并能支持分时段控制策略。

1. 控制对象

网、省AVC主站的控制对象重点包括调管发电厂发电机组、500kV变电站低压侧并联电容器、电抗器、SVC、STACOM等无功设备和下级AVC主站。地区AVC主站的控制对象重点包括110～220kV变电站站内有载调压变压器、电容器/电抗器、地调调管电厂发电机组。

2. 控制区域

网、省AVC主站能够对合环运行的500kV和220kV电网进行分区，能基于电气距离或灵敏度自动确定分区边界和分区个数。分区的基本要求包括：每个子区域有足够的无功电源以控制本子区域的电压变化，尽可能地减少相邻子区域自动电压控制的相互影响。

地区AVC主站能够依据网络拓扑分析将电网划分成若干个控制区域，每个控制区域由连接到同一220kV节点的主变区域组成。主变区域指由220kV变电站的主变及变中侧（110kV侧）供电的所有110kV变电站（包括110kV变电站连接的其他110kV变电站）组成的区域；当该区域不存在220kV节点时，则将连接到同一电源点的区域电网看做一个控制区域。站内控制区域的划分，以并列运行的主变组成同一个控制单元（主变并列运行指主变的高、中压侧母线均并列运行），一个控制单元可以包含多台主变（并列运行）或一台主变（非并列运行），对控制单元内的受控无功设备和主变分头，形成控制策略时综合考虑。

3. 控制模式

地调AVC系统支持以下控制模式，可通过人工进行切换。

（1）开环控制：给出控制策略工运行方式分析使用，不下发控制指令。

（2）半闭环控制：给出控制策略并弹出是否执行该策略窗口，需人工进行确认才能下发控制指令。

（3）闭环控制：给出控制策略，并通过 SCADA 系统下发遥控遥调命令。

4. 控制闭锁

AVC 闭锁是指运行条件触发安全策略，AVC 自动暂停控制，是异常情况下闭锁相应设备控制的可靠性措施与手段，分为系统级、厂站级和设备级。AVC 解锁是指运行条件恢复到正常运行条件，AVC 恢复正常控制，分为自动解锁和人工解锁。

（1）在以下情况，应闭锁相应设备控制。

1）当所控制的设备保护动作。

2）当控制命令发出超过一定的时间，控制设备仍不动作或多次控制不动作。

3）控制设备的动作次数超过规定的每天最大次数或超过设定时段的最大次数。

4）变压器档位一次控制变化大于一档（即一次只能调节一档）。

5）变压器过负荷或无功越限时。

6）控制设备就地控制时。

7）控制设备非 AVC 控制动作时。

8）当控制设备量测数据无效、异常和错误时。

9）高压母线低电压运行时自动闭锁变压器分接头的调整，保证系统的电压稳定。

10）设备挂牌检修时。

11）其他需要闭锁相应设备控制的情况。

（2）在以下情况，应闭锁厂站所有设备控制。

1）厂站实时数据异常。

2）厂站未投入主站 AVC 控制时。

3）厂站关口无功功率超出设定的闭锁限值。

4）厂站关口高压侧母线电压超出设定的闭锁限值。

（3）在以下情况，应闭锁 AVC 系统控制。

1）电网发生低频振荡。

2）电网发生大面积电压异常。

3）AVC 获取 SCADA 实时数据异常。

发生闭锁后，若相关闭锁条件消除，AVC 可自动解锁和人工解锁。

5. 保护信号处理

保护信号处理具备以下功能：

（1）能够处理保护信号，支持瞬动或自保持、自动复归等各类保护信号。

（2）能够根据设置的限制条件生成主站端闭锁信号，支持人工复归、自动复归两种类型。

（3）能够对站端保护信号与主站端闭锁信号进行合并，并以此判断无功设备是否可控。

（二）地调 AVC 系统关键进程介绍

1. 数据采集

数据采集是进程 scdfe 通过规约采集的，ip 和端口的配置在程序中写入，需要平台配置 VARCS_Server 服务，这个服务可以配置在 AVC 服务器上。生成的日志文件存放在 thpas/data/log/scdfe 中，进程 scdfe 将数据采集到 scalg 库和 scdgt 库，这两个库中的文件一部分是通过导模型生成 cim 模型量测；另一部分是建模操作中关联的远方就地信号等量测。这两部分操作进行完成后执行 impycyxfile 来生成量测文件，再执行 scdfeinit 来初始化四遥库；在 AVC 服务器终端输入命令 avcdefview，可以查看 AVC 的前置实时数据。

2. 指令下发

指令下发通过进程 dvccmdsrv 采用 webservice 方式向平台下发指令，需要平台配置 EWS 服务；生成的体制文件存放在 thpas/data/log/dvc 目录中。

3. 告警信息发送

通过进程 avcmsgsave 采用 webservice 的方式向平台发送告警信息，需要平台配置 ews 服务；生成的日志文件存放在 thpas/data/svc 目录中。

4. 界面数据刷新及显示

界面数据刷新及显示通过进程 pasdfsrv. avc 将中间实时库的数据刷新到界面上，没有日志文件生成。

5. clstprcd

clstprcd 是 AVC 应用的守护进程，待关键集成僵死后进行切机。

6. dvcmeas

dvcmeas 进程从 AVC 前置库中筛选量测为 AVC 控制使用。

7. dvcctrl

dvcctrl 是 AVC 的核心计算进程，计算生成策略。

8. netsrv1

netsrv1 是界面操作的服务端响应进程。

9. rtdbsrv

rtdbsrv 是中间实时库的服务端响应进程，方便远程访问主机中间库。界面显示的数据都在从主机中间库获取，中间库的查看工具为 rtdbmng。

（三）AVC 系统厂站接入调试

1. 导入最新的电网模型以及量测点信息

如果 SCADA 系统中有新增加的站（该站在 SCADA 系统中已经完成图模绘制、节点入库、PAS 模型调试工作）或站端新增加量测点，且这些量测点 AVC 系统要使用，需要进行导入模型工作，操作方法为登录到 AVC 服务器中，打开终端，输入命令：loadmodel - all。

2. 建模维护

登录 AVC 服务器或安装 AVC 客户端的工作站，打开终端，输入命令 g3_mmi，进入调度员界面，点击“AVC”图标，进入 AVC 主界面。

在主界面点击模型维护，可以进入到模型维护界面。

（1）曲线建模。

1）族建模。可以新建不同的族，来应对不同日期的曲线和应用。所属应用中选择“运方母线曲线”为母线限制的族；选择“运方功率因数曲线”为主变功率因数曲线的族。针对同一种应用类型，不同的族的生效时间如果有重合的情况下，优先级高的族曲线是生效的。

2）母线模型。母线维护的左边框中的母线是来自于电网的 EMS 模型，右边框中的母线是已经建模的母线。需要将需要建模的母线从左边的框中加入到右边的框中，然后点击保存。

3）曲线模型。在族列表中选择需要建模的族，曲线列表中选择要建模的母线，然后在右侧输入运行上下限、默认值、考核上下限、安全上下限等数据，然后单击“插入设定点”，就可以插入一个设定点。当一天曲线是有曲折的情况时，可以在变化点时间再插入一个设定点的值。设定点可以插入多个，可以形成多需求的曲线。完成一条曲线后单击保存。

当相同电压等级的曲线一致的情况时，可以单击上一图中按钮“从配置方案复制”，弹出下一图界面。左侧可以选择已经输入数据的族和曲线，右侧选择需要复制的区域和族，然后对应选择“复制到区域”，然后在弹出的窗口中点击“save”，则可以复制曲线。然后退出，到上一个界面中，检查相应曲线的准确性。

4）模型导入。模型导入是把以上几步的建模操作从商用库导入到实时库，也就是生效的过程。首先单击“校验”，如果校验成功，然后单击“导出到实时库”，如果导入成功则完成。

功率因数的曲线建模跟母线建模类似，只是在新建族的时候不同。功率因数曲线的族的所属应用应该选择为“运方功率因数曲线”，后续的建模中也要在这个族中添加曲线。

（2）变电站建模。

1）控制模型建模。左边为EMS模型，右边为AVC的控制模型，需要将需要控制的AVC模型从左边加入到右边，加入的厂站至少要包含容抗器或者主变，然后单击保存。

2）厂站建模。控制建模中添加的厂站会在左边列表显示，然后双击需要建模的厂站，然后在右侧设定相关的参数，如果有厂站的远方就地等信号也可以进行关联。

3）母线建模。从选中母线，在右侧进行参数的设置。其中电压的安全上下限需要设置，考核类型级别由高到低分为A、B、C、不考核四级，考核的母线根据优先级优先考虑bscm曲线建模中的运行曲线。安全上下限的判断不依赖于是否考核，只要越过这个限制就会出策略。灵敏度开始可以选择人工或者计算灵敏度。

4）保护信号建模。针对设备的保护信号，一个设备下面可以关联多个保护信号。若这个设备中的任何一个保护信号动作，则会将这个设备保护动作闭锁，关联完成后单击保存。

5）主变建模。左边选择要建模的主变，右边对需要的参数进行设置，这里主要考虑功率因数考核的建模，包括无功倒送阈值，主变重载门槛等。

6）分接头建模。每个主变可以新建一个分接头，然后选择这个分接头，对分接头的控制参数进行设置，包括分接头的远方就地信号及分接头遥控号的关联，还有相关参数的设置，设置完成后单击保存。

7）电容抗器建模。左边选择要建模的电容抗器，然后右边把对应的参数进行设置，控制类型等参数，以及需要关联的远方本地信号。

8）模型导入。建模完成后，需要首先进行模型校验，模型校验成功后进行模型导出，模型导出成功则说明将建模的工作进行了实际控制的生效。

（3）信号核对。在界面上找到“电容信息”以及“分头信息”，对要核对的设备远方就地信号及保护信号进行监视。

如果远方就地信号没有关联信号，则认为是远方信号。如果实际关联了信号，则根据实际情况看到远方就地状态，如果是就地控制状态，则闭锁信息里面会添加就地控制闭锁。设备的闭锁以及开环闭环可以通过在界面上单击右键进行操作。

（4）遥控试验。在列表设备上单击右键，单击“通道测试”，弹出窗口，单击验证、执行进行遥控操作，操作完后在一次接线图观察设备是不是动作。遥控试验时，要注意核对弹出的窗口中的信息是否正确，确认正确之后，才能单击执行。

四、高级应用（PAS）系统

（一）PAS 系统概述

电网高级应用软件是建立在 SCADA 基础之上重要的电网应用软件，其功能主要是利用电力系统中的信息，在实时态和研究态模式下，对电力系统的运行状态进行分析，帮助调度员了解和掌握电力系统运行状态的变化，并提供分析决策的依据，保证电网运行的安全性并提高运行的经济性。

PAS 系统基于实时态和研究态两种模式建立，实时态和研究态模式是 PAS 系统的一种基本构造模式。所谓实时态就是 PAS 系统不断接收 SCADA 系统的遥测和遥信数据的刷新，及时更新 PAS 系统中的网络的状态，并对变化的网络状态不断进行各种分析计算的模式。研究态则是一种基于实时断面或断面文件建立的离线方式，它的遥测和遥信状态是稳定的，使用人员可以对其各种设备的状态进行修改，执行模拟操作，并对这种经过人工修改后的状态进行分析计算，从而获得对电力系统更深刻的认识。

（二）PAS 系统的功能模块

1. 网络建模

E8000 系统的 PAS 系统网络建模采用基于 CIM 标准的图模库一体化技术，即以绘图为先导，实现电力设备建库、建模。通过绘图的方式在数据库中建立起 EMS 系统所需的物理模型，其中除了设备本身以外，还包含着设备与设备的连接关系。

E8000 系统中数据库模型的设计是在参考了 IEC 最新推出的 CIM 标准中设备模型定义的基础上，结合国内的具体情况，总结了国内外 EMS 系统的经验后设计出来的。该系统图形管理系统采用基于 CIM 标准的拓扑包（Topology Package）设计的图模库一体化技术，使得 SCADA/EMS/TMR/DMS/TMS/DTS 用户只需维护一套图形系统和设备参数，就可满足各自应用的需求，从而大大方便了系统维护工作。

2. 网络拓扑

网络拓扑是根据网络建模时生成的设备连接关系和实时的开关、刀闸状态确定电网的电气连接状态，由网络物理模型（称为连接点模型，是对网络的原始描述）产生计算用数学模型（称为母线模型，与网络方程联系在一起），并将有电气连接的母线集合化为岛，用于状态估计、潮流计算、安全分析、经济调度、调度员模拟培训等功能。因此，网络拓扑是整个网络分析应用软件的基础。

3. 状态估计

状态估计是对由远动传来的数据进行修正，减少 RTU 采集时的误差和通道传输时的误码，并剔除错误的数据，补齐由于各种原因采集不到的数据，提供一个电力系统的实时潮流解，为下一步进行安全分析、经济调度和调度员模拟培训系统提供一个相容的熟数据集。状态估计还可以返回实时采集数据的质量信息，帮助运行人员迅速准确的找到通道中的不良数据，从而有助于 SCADA 系统的维护。

4. 调度员潮流

调度员潮流是在给定的条件下，计算整个电网运行的状态，为运行计划人员提供一种“可能方式”下的电网功率分布、节点的电压幅值和相角的状况。潮流计算向故障分析、最优潮流等应用提供假想运行方式，使调度员很方便地进行各种操作，了解不同运行方式下系统的状态，确定合理的系统运行方式，降低系统的运行费用。

5. 故障分析

故障分析用于计算研究方式下各种假想事故（各种短路）的短路电流，以及对母线的短路容量扫描，调度员可以在图形上任意设置故障点和故障类型，结果数据可在图形和列表中查询。该模块使运方人员从繁琐的计算中解脱出来，大大减少了人工劳动量，提高了效率。

6. 安全分析

安全分析，又称预想故障分析，指的是针对预先设定的电力系统元件（如线路、变压器、发电机、负荷和母线等）的故障及其组合，计算整个电网的运行状态，确定预想故障对电力系统安全运行产生的影响。

安全分析还包括 $N-1$ 故障扫描，即分别开断系统的每个网络元件，计算其后的电网状态。

7. 负荷预报

根据历史的运行数据，利用各种模型，考虑天气等因素影响，预报未来的系统负荷，为机组经济组合、发电计划、水电计划、交换功率计划提供精确的数据，使上述各种计划分析成为可能，并为能量管理提供坚实的基础。该模块使调度和计划人员掌握未来的负荷变化趋势，以制定更合理的系统运行方式，降低系统的运行费用。

（三）PAS 数据库

PAS 数据库是指关系库或内存库中与 PAS 相关的部分，而并非 PAS 独有，关系库采用商用数据库，与 PAS 相关的部分主要用来保存设备参数和其他一些需要永久保存的操作参数等。PAS 内存数据库（一般简写为 PAS/m）是 PAS 系统的内存驻留数据库。这个数据库由 PAS 使用作为与能量管理系统的其他子系统的接口。PAS/m 维护所有的网络应用请求的数据，同时也用来存储这些应用的结果。下面着重介绍日常工作中 PAS 参数录入时一些需要注意的问题：

1. 变压器档位类型

变压器档位类型参数设置如图 3-2 所示。

** 档位类型	+8/-8/1.25%		
* 档位类型描述	+8/-8/1.25%	* 上调档位数	8
* 下调档位数	8	* 中间档位数	1
* 每档电压增量(%)	1.25		

图 3-2　变压器档位类型参数设置

其中“档位类型描述”在格式上没有特殊要求，因为它只是一个“名字”，真正在计算中起作用的是上调档位数、下调档位数、中间档位数、每档电压增量等参数。尽管如此，该描述必须能清楚、完整、准确地标志档位类型，因为在“变压器绕组”参数中通过下拉列表选择档位类型时，就是通过该描述选择的，如果描述不清，则有可能选错。

2. 导线类型/导线排列方式/导线

导线的参数需引用导线类型和导线排列（这两个参数暂时不用，但必须要填），其他参数也都是必填内容（图 3-3）。导线是与电压等级相关的，同一种导线类型，用于不同电压等级，其阻抗等参数是不同的。

** 导线	110-LGJ-120		
* 导线类型	LGJ-120	* 导线排列	110kvwr3
* 正序电阻(Ω/km)	0.27	* 正序电抗(Ω/km)	0.423
* 正序电导(S/kkm)	0.0	* 正序电纳(S/kkm)	0.0027
* 最大电流(A)	700.0	* 零序电阻(Ω/km)	0.81
* 零序电抗(Ω/km)	1.269	* 零序电导(S/kkm)	0.0
* 零序电纳(S/kkm)	0.0081		

图 3-3　导线参数设置

正/零序电纳请录入每千米正/零序电纳的 1000 倍。导线类型主要参数是分裂根数和等值半径，不区分电压等级。导线排列的主要参数是是否换位和三相间的距离。

3. 线路段/线路

引入线路段的概念，是由于有些线路是分段架设的，计算线路阻抗参数时需要分别计算再求和。如从 A 厂站到 B 厂站只有一条线路，但这条线路分 3 段架设，对这种情况在录入参数时，“线路”表中只录入一条记录，“线路段”表中则需录入 3 条记录，这 3 条线路段都属于同一条线路，即“线路名称”域输入一样的内容，那么在计算该线路参数时，系统就会分别计算 3 个线路段的参数，再将三者相加，如图 3－4 和图 3－5 所示。

设备全名	110kV.六镇甲线1212		
* 基准电压	110kV	** 设备名称	六镇甲线1212
* 设备描述	六镇甲线1212	设备类型	LN
生产厂家		设备型号	
出厂日期		投运日期	
维修日期		有效期	0
维护周期	0		

☑ 更多属性...　○ 只读属性　○ 责任区　◉ 线路信息　○ 控制信息

* 始端厂站	LY	始端厂站名	六运站
* 末端厂站	ZL	末端厂站名	镇隆站
* 线路类型	架空线Wire ::1	* 电流类型	交流AC ::1
电缆允许值(夏季)	0	电缆允许值(冬季)	0
重载率	0.8		

图 3－4　线路参数设置

** 线路段名称	liuzhenjia		
* 线路名称	110kV.六镇甲线1212	线路描述	六镇甲线1212
* 导线名称	110-LGJ-300	* 线路段长度(km)	11.37
* 额定电流(A)	400.0	* 计算标志	自动计算有名值 ::1
正序电阻	1.2507	正序电抗	4.3433
零序电阻	3.7521	零序电抗	13.03
电导		电纳	0.0341
零序电导		零序电纳	0.1023

图 3－5　线路段参数设置

如果线路不分段，则一条线路输入一个线路段即可。一条线路至少应有一个线路段。

注意：这里引入线路段的概念，仅仅是计算线路参数用的，与T接线路的概念是不同的。连接于同一T接点的几条T接线路（一般是3条）应看作不同的线路，针对每一条线路再分别输入一个或多个线路段。

重载率缺省值是0.8，如果不录入或录入0，PAS程序按0.8计算，即如果线路当前电流>线路最大电流×重载率，则系统认为此线路重载，最好人工录入。

线路始端厂站与末端厂站对生成线路与其他设备的连接关系十分重要，千万不要输错，否则会导致线路连接关系错误。

（1）线路名称。即此线路段所属线路。

（2）导线名称。即此线路段的型号。

（3）额定电流。系统将同一条线路的各线路段的额定电流最大者作为此线路的最大电流，这将作为判断线路是否重载的依据。

（4）计算标志。若此项选择“自动计算有名值”，则线路的电阻、电抗、电纳可由pasdbui的“计算线路变压器参数”模块根据其型号和长度计算得出；若选择“手工输入有名值”或“手工输入标幺值”，则线路的电阻、电抗、电纳、电导须手动录入其有名值或标幺值。如果可以得到线路的实测值，建议选择手工输入参数，因为这样更接近真实值。

4. 母线

对PAS系统，母线参数并无太多特殊要求，除了最基本的名称、描述、电压等级、所属厂站等，只需注意一下母线类型、参与计算标志即可，如图3-6所示。

（1）母线接线方式：暂时不用。

（2）母线类型：主要区分主母、旁母。

（3）参与计算标志：在“控制信息”中，可以设置该母线是否参与PAS计算，但这一标志是随现场实际情况变化而应经常修改的，所以一般不在这里设置，而是在g3_mmi的PAS应用窗口上的“设置”。

5. 开关

对PAS系统，开关参数除了需要输入最基本的名称、描述、电压等级、所属厂站等参数以外，还需正确录入“开关刀闸类型”“正常状态”“容量”等，如图3-7所示。

* 厂站名 HD
** 设备名 220kV1B
设备全名 HD.220kV1B
* 电压等级 220kV
* 设备描述 河东站220kVI段母线
设备类型 BS
生产厂家 DFDZ
设备型号 0
出厂日期 1900-01-01
投运日期 1900-01-01
维修日期 1900-01-01
供电用户数 0
维修周期 0
间隔
更多属性... 只读属性 责任区 母线信息 控制信息
* 母线接线方式 单母线 ::单母线
* 母线类型 主母 ::1
更多属性... 只读属性 责任区 母线信息 控制信息
在用标志 运行 ::1
* 参与计算标志 随厂站 ::3

图 3-6　母线参数设置

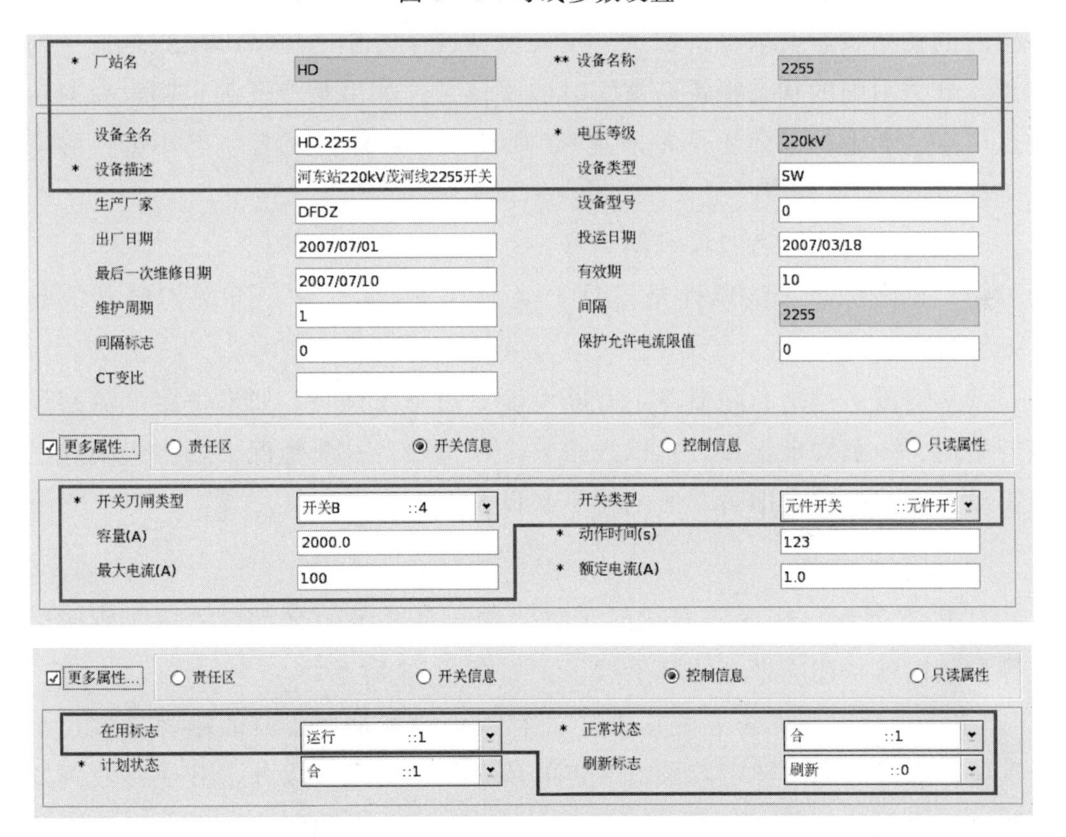

图 3-7　开关参数设置

（1）开关刀闸类型。对于刀闸，只设置该域即可；对于开关，则需在该域选择“开关”，再在“开关类型”域选择正确的类型。对于母联开关、分段开关、旁路开关、母联刀闸、地刀等，必须正确录入其类型；其他类型设置成“普通刀闸”或“元件开关”即可。

“地刀”的设置十分重要，如果网络拓扑考虑地刀（在网络拓扑的控制参数中可以设置），则某个地刀闭合会导致该地刀所属电气岛接地。即使网络拓扑不考虑地刀，PAS系统也会针对地刀做一些特殊处理，另外调度防误等功能也会用到这一属性。地刀正确设置的原则是：不是地刀的刀闸一定不能设置成地刀；是地刀的刀闸最好设置为地刀。

母联开关、分段开关、旁路开关、母联刀闸等连接于两条母线之间的开关/刀闸是为自动生成零支路而用的，应遵循一个原则：一组开关/刀闸中必须有而且只能有一个设置为母联等类型，其他设置为普通刀闸即可，以保证这一组开关/刀闸只生成一条零支路。

（2）正常状态。即开关刀闸的初始状态。开关刀闸刚加载到PAS内存库中时的初始状态就取自正常状态。一般情况下，随着SCADA数据的实时刷新，开关刀闸的状态很快就被实时值覆盖了。如果某个开关刀闸没有对应的遥信点（无论是采集还是非采集），则其状态可保持正常状态不变，除非人工修改。

（3）计划状态。暂时没有用到。

（4）刷新标志。该属性是指是否从SCADA实时刷新开关刀闸状态到PAS应用下。

（5）容量。是指断路器额定开断电流，短路计算时，如果短路电流超过该容量值，一般要求报警，所以该参数十分重要。一般情况下，一组间隔里只需设置开关的容量即可，刀闸可不必设置。

6. 三卷变压器

对PAS系统，变压器参数除了需要输入最基本的名称、描述、所属厂站等参数以外，还应录入铭牌参数等，如图3-8所示。

“更多属性”中的三卷变压器中的参数一般都是变压器的铭牌参数，十分重要。除了三端的额定容量、额定电压必须准确录入以外，其他参数例如短路电压、短路损耗等，用来计算绕组的阻抗，如果需要自动计算阻抗参数，也必须准确录入。其中的计算标志就是用来控制是否自动计算阻抗参数

图 3-8　三卷变压器参数设置

的，如果选中，那么在 pasdbui 执行“线路变压器参数计算”时（具体计算过程参见后面相关内容），就会根据这些铭牌参数计算出其对应绕组的阻抗参数并修改，否则，绕组参数不会被修改，需人工录入。

主变铭牌中给出各侧电压标示如下：220(＋10/－6)×1.5%/110(＋2/－2)×2.5%/10.5，即表明此主变高压侧电压为 220，中压侧电压为 110，低压侧电压为 10.5，高压侧绕组（参见变压器绕组）的抽头类型为（＋10/－6)×1.5%，中压侧绕组的抽头类型为（＋2/－2)×2.5%。

重载率：与线路一样，重载率的缺省值是 0.8，如果不录入或录入 0，PAS 程序按 0.8 计算，即如果主变实际负荷＞重载率×额定容量，则认为该主变重载。

7. 两卷变压器

两卷变压器需要录入的参数如图 3-9 所示，与三卷变压器的参数基本类似，而且更简单，因为两卷变的容量、电压、短路电压和短路损耗等参数都只需输入一个即可。

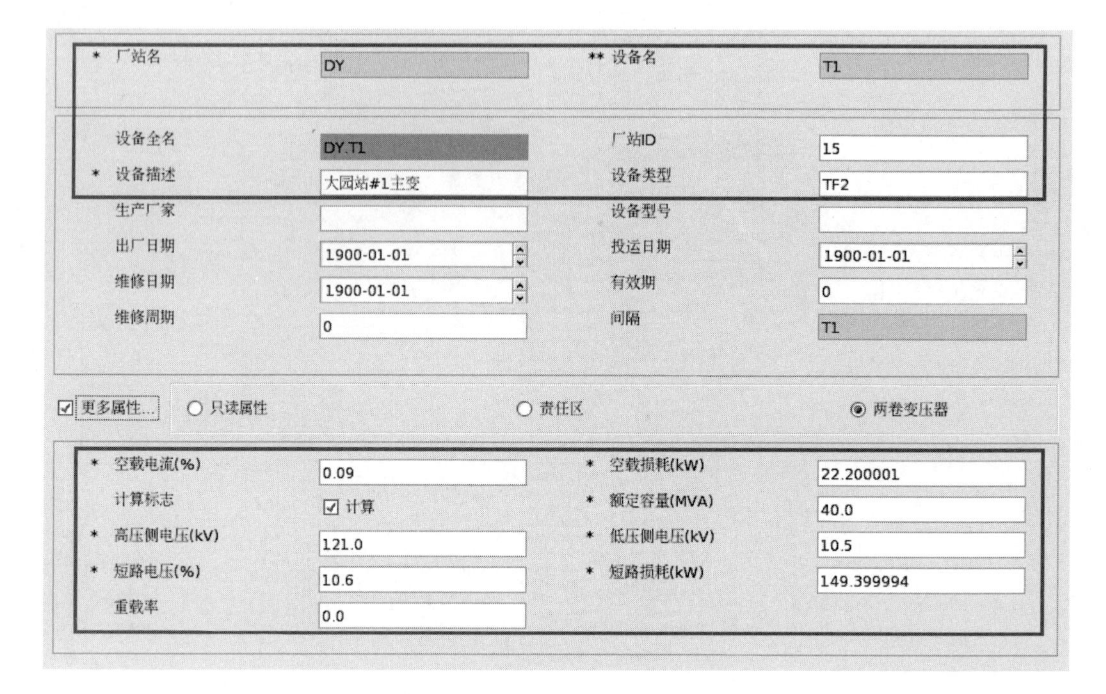

* 厂站名	DY	** 设备名	T1
设备全名	DY.T1	厂站ID	15
* 设备描述	大园站#1主变	设备类型	TF2
生产厂家		设备型号	
出厂日期	1900-01-01	投运日期	1900-01-01
维修日期	1900-01-01	有效期	0
维修周期	0	间隔	T1

☑ 更多属性... ○ 只读属性 ○ 责任区 ◉ 两卷变压器

* 空载电流(%)	0.09	* 空载损耗(kW)	22.200001
计算标志	☑ 计算	* 额定容量(MVA)	40.0
* 高压侧电压(kV)	121.0	* 低压侧电压(kV)	10.5
* 短路电压(%)	10.6	* 短路损耗(kW)	149.399994
重载率	0.0		

图 3-9　两卷变压器参数设置

8. 变压器绕组

对于变压器来说，变压器绕组是必须录入的。每个变压器绕组属于某个变压器。三卷变有 3 个绕组，高、中、低端各对应 1 个，两卷变只有 1 个高端绕组。

变压器绕组显示出来的参数都比较重要，如图 3-10 所示。

* 厂站名	HD	绕组全名	HD.MM_HD_T1.H
* 变压器全名	HD.MM_HD_T1	* 基准电压等级	220kV
** 变压器绕组级别	High ::H	* 变压器绕组描述	河东#1变高压绕组
* 绕组接线类型	星型接线 ::1	* 抽头类型	10/-6/1.25%
* 档位正常位置	9	* 可调标志	是 ::1
* 接地标志	否 ::0	* 额定电压	220.0
* 额定容量	150.0	* 短期容量	150.0
* 紧急容量	150.0	正序电阻	0.7643
正序电抗	49.0453	电导(放大1000倍)	2.4463
电纳(放大1000倍)	6.1983		

图 3-10　变压器绕组参数设置

（1）变压器绕组级别：High 表示高端绕组，Middle 中端绕组，Low 表示低端绕组。

（2）变压器接线类型：DELTA 表示 Δ（三角形）接线，WYE 代表 Y（星形）接线，ZIGZAG 代表 Z 形接线，一般高、中压侧选 WYE，低压侧选 DELTA。该属性主要用于短路计算。

（3）抽头类型：内容取自“变压器档位类型”表，比较重要，必须准确录入。

（4）档位正常位置：这个域在性质上类似开关的正常状态，执行 paspop 或增加、修改绕组参数时，绕组刚刚加载到 PAS 内存库中时的初始档位就取自档位正常位置。一般情况下，随着 SCADA 数据的实时刷新，档位状态很快就被覆盖了。如果某个变压器档位没有对应的 SCADA 点（无论是采集还是非采集），则其状态可保持该档位正常位置不变（这时档位正常位置就非常重要了），除非人工修改。

如果变压器是无载可调的，例如变压器中端绕组的分接头，由于一般没有采集，这个档位正常位置就非常重要了。

另有一点请特别注意：除非没有抽头，档位正常位置一定不能录入 0 或负数。

（5）可调标志：是否有载可调，只有有载可调的变压器在 g3_mmi 界面上才能人工修改变压器分接头位置。

（6）接地标志：中性点是否接地。该属性主要用于短路计算。

（7）额定电压：必须与所属变压器的相应端电压一致，例如高端绕组的额定电压必须等于所属变压器的高端电压。

（8）额定容量：必须与所属变压器的相应端容量一致，例如高端绕组的额定容量必须等于所属变压器的高端容量。

（9）短期容量/紧急容量：与额定容量一起构成了变压器绕组的三级限值标准，一般情况下：紧急容量＞短期容量＞额定容量。pasdbui 的“线路变压器参数计算”功能中提供了自动修改绕组的额定电压、额定容量、短期容量和紧急容量的方法，详见后面 pasdbui 的相关内容。

（10）电阻、电抗、电导、电纳等参数：如果绕组所属变压器的计算标志被选中了，这里的这些阻抗参数就不必录入了，否则需要手工录入其有名值。

9. 电容器

电容器参数除了需要输入最基本的名称、描述、所属厂站、电压等级等参数以外，还应录入其类型、容量、组数等，如图 3 - 11 所示。

字段	值	字段	值
* 厂站名	HD	** 设备名	C01_CP
设备全称	HD.C01_CP	* 电压等级	10kV
* 设备描述	河东站#1电容器组C01	设备类型	CA
生产厂家	DFDZ	设备型号	
出厂日期		投运日期	
维修日期		有效期	0
维修周期	0	间隔	
* 额定电压	10kV		

☑ 更多属性… ○ 只读属性 ○ 责任区 ◉ 电容器信息

字段	值	字段	值
* 电容器类型	并联 ::2	* 延时时间	1
* 额定容量	7.014	* 最大组数	1
* 可控组数	1	* 每组容量	7.014
* 最大动作次数	1	* 每天最大动作次数	1

图 3 - 11　电容器参数设置

电容器类型：串联/并联，是非常重要的属性。

目前在 PAS 系统中，每个电容器是做一组处理的，所以可控组数和最大组数都请录入 1，对额定容量和每组容量，都请录入电容器对应的开关开合时实际投切的容量（单位为 Mvar）。

10. 电抗器

电抗器与电容器有些相似，是比较重要的属性，除了名称、描述、所属厂站、电压等级等，还包括类型、容量、组数等，如图 3 - 12 所示。

电抗器类型：串联/并联等，是非常重要的属性。

和电容器一样，电抗器的可控组数和最大组数都请录入 1，额定容量和每组容量，都请录入电抗器对应的开关开合时实际投切的容量（单位为 Mvar）。

如果电抗器类型是“串联”，最好能够录入额定电抗。

如果电抗器类型是“分裂电抗器”，耦合系数如果可以得到，也需要录入。

字段	值	字段	值
* 厂站名	LY	** 设备名	Rb#1
设备全名	LY.Rb#1	* 电压等级	10kV
* 设备描述	#1号电抗器	设备类型	RE
生产厂家		设备型号	
出厂日期	1900-01-01	投运日期	1900-01-01
维修日期	1900-01-01	有效期	0
维修周期	0	间隔	
* 额定电压	10kV		

☑ 更多属性...　○ 只读属性　○ 责任区　◉ 电抗器信息

字段	值	字段	值
* 电抗器类型	并联 ::2	* 延时	1
* 每组容量	3.0	* 额定容量	3.0
* 最大组数	1	* 可控组数	1
* 最大动作次数	1	* 每天最大动作次数	1
额定电抗	1.0	耦合系数	1.0

图 3-12　电抗器参数设置

11. 负荷

对 PAS 系统，负荷参数并无特殊要求，只需输入最基本的名称、描述、电压等级、所属厂站、所属区域名等即可。

如图 3-13 所示，负荷参数中需要录入一些“因子”类的参数，应该说这些属性是有些作用的（例如潮流计算考虑负荷特性），但是由于现场一般难以给出准确参数，所以暂不做要求。

12. 外网等值电源

外网等值电源参数用于短路计算，如图 3-14 所示。

（1）运行模式：短路计算一般是针对不同的运行方式进行的，如最大方式、最小方式等，不同方式下的外网等值电源的阻抗值是不同的，所以必须选择该阻抗值对应的运行方式及运行模式。

（2）连接母线：外网等值电源都是等值在某个与外网有连接的母线上，这个母线即为“连接母线”。

（3）选择标志：外网等值电源是以阻抗方式等值的，还是以容量方式等值的。如果以阻抗方式等值，则等值正/负/零序电阻/电抗中需录入以 100MVA 为基准值的电阻/电抗标幺值（多数都是这种情况）；否则需录入容

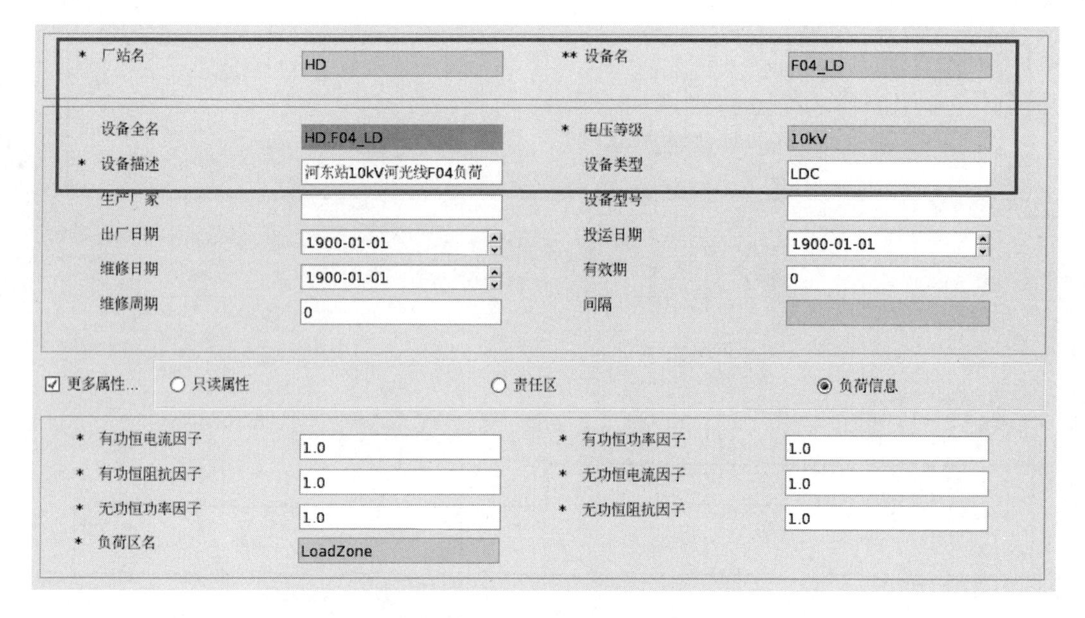

图 3 - 13　负荷参数设置

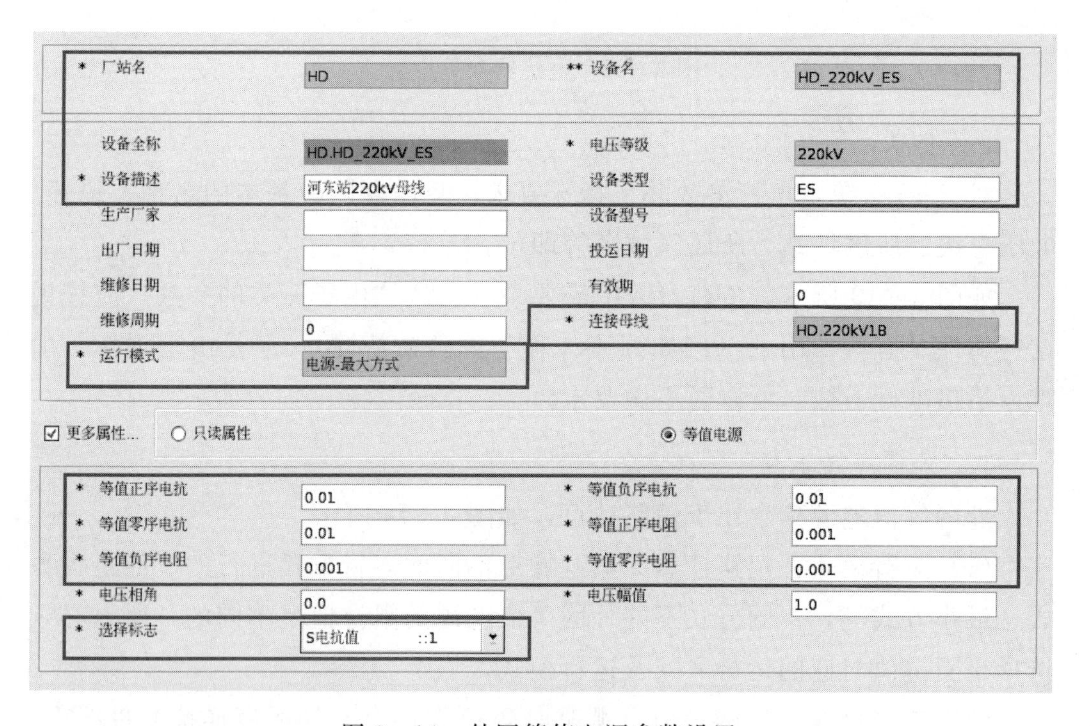

图 3 - 14　外网等值电源参数设置

量值。

(4) 等值正/负/零序阻抗：如上所述，根据选择标志确定该录入什么值。

（四）PAS 系统界面查询检查

1. 连接关系检查

在 g3_mmi 界面的 PAS 应用下，任一设备的右键菜单中均有“连接关系检查”一项，选择可以弹出对话框并显示该设备所有端子所连设备信息。

如果选择了“高级”按钮，会显示搜索选项，分别如下：

缺省是“检查连接关系”，所有设备都可选择。

如果选择“查看设备路径”，则显示设备各端子所连接的一系列设备，一般是依次连接到母线为止的一个间隔里的所有开关刀闸，只有非开关刀闸设备才可选择。

因为厂站图上的“端子量测标注”一般是标注到开关刀闸的端子上，所以状态估计或调度员潮流计算得到线路、变压器等支路上的潮流后，还需写到支路所连接的开关或刀闸上，以便在 g3_mmi 上显示。如果未能正确写入，应通过本方法检查支路与开关刀闸是否正确连接。

如果选择“从开关找设备”，则从指定开关出发搜索直到找到非开关刀闸设备为止。有功、无功、电流量测在关系库一般是关联到开关刀闸上的，在向内存库加载时要搜索并关联线路、变压器等设备，如果搜索失败，则该量测会被拒绝，即不能加载到内存库，可通过本方法检查从开关找设备的搜索结果。

2. 相关量测查看

在 g3_mmi 的 PAS 应用下，线路、变压器、母线、发电机、电容电抗器等设备的右键菜单中均有“相关量测查看”一项。选择可以弹出对话框并显示该设备所有端子所关联的设备量测。

如果是母线，除了可显示该母线本身的电压量测以外，还可显示该母线所连接的线路、变压器等支路的量测，并自动计算有功、无功不平衡量。这对母线功率不平衡原因的查找会有一定帮助。

如果是变压器或线路，除了可显示其各个端子的量测以外，也会显示功率不平衡量。即厂站图中的“总加”。

3. 设备运行状态

在 g3_mmi 的 PAS 应用下，几乎所有设备的右键菜单中均有“运行状态”一项。选择可以弹出对话框并显示该设备的一些参数和计算结果。

变压器和线路的运行状态窗口提供了阻抗参数的有名值供查看。另外，运行状态窗口还可查看有功、无功、电流等数据，如果PAS的当前应用是网络拓扑，则显示的该断面的SCADA数据；如果当前应用是状态估计，则显示状态估计结果；如果是调度员潮流，则显示调度员潮流结果。

（五）常见问题及处理方法

1. 设置平衡母线的原则

一般选择位置最重要枢纽、电压等级最高的厂站中电压等级最高的母线为平衡母线，若平时电网是多岛运行的，则每个电气岛至少设一条平衡母线。另外，平衡母线必须有实时电压采集。

2. 整个电气岛不带电

（1）检查是否为该电气岛设了平衡母线，若没有，则请设置相应的平衡母线。

（2）检查是否平衡母线所连的开关刀闸均为断开，若是，则查看相应开关刀闸状态。

（3）检查是否平衡母线连接关系有误。

（4）检查平衡母线所连接的设备是否太少，因节点数少于3个而未能形成电气岛，可以查看网络拓扑结果列表的“电气岛信息”。

3. PAS的开关刀闸状态与SCADA不一致

（1）检查PAS主服务器和本节点上的PAS进程是否正常，用qtpcsmon将之启动。

（2）检查g3_mmi上网络拓扑控制参数中，“刷新实时数据”是否选中。

（3）检查该开关是否有设备参数，是否正确。

（4）检查该开关的量测属性是否设置成“不刷新”。

（5）检查该开关是否有点参数，点参数中的设备是否是这个设备。

（6）检查是否有多个点参数都关联了这个该开关，而且量测类型都是“开关状态”或“刀闸状态”。

4. 线路连不上站内设备

除了一般性的检查以外（例如绘图包的连接关系检查、设备参数的检查），首先重点检查线路的始、末端厂站是否设置正确，其次检查绘图包的

“厂站图形关联”，查看该厂站图所连接厂站是否正确。

5. 地刀合上仍没有接地效果

（1）检查 g3_mmi 上网络拓扑控制参数中，“拓扑考虑地刀”是否选中。

（2）地刀的类型错误，请在 g3_dbui 中查正。

（3）地刀连接关系不对，可在 PAS 界面上将鼠标置于该地刀上点右键查询其所连接的设备。

6. 实现自动旁路替代

（1）检查旁母的设备参数，是否将母线类型设置为“旁母”。

（2）旁母必须带电。

（3）检查连接关系是否正确，可在 PAS 界面上将鼠标置于相关设备上，单击右键查询其连接关系。

（4）检查相关开关刀闸位置是否正确，需在 PAS 界面上检查。

7. 绘图时做“连接关系检查”查出的可不处理的错误

原则上对 PAS 计算不产生影响的错误可不处理，包括以下几点：

（1）备用设备未录入参数、孤立。

（2）PT、CT 设备孤立。

（3）变压器中性点的设备孤立。

（4）站用变的设备孤立。

8. 状态估计不收敛

状态估计的核心是利用加权最小二乘算法，估计出系统各母线上的电压和相角，从而计算出系统中各支路潮流值和节点注入量。所谓“不收敛”（或称“发散”）是指系统的参数或量测有错误，无法找到合理的母线电压幅值与相角来满足已有的量测。状态估计的迭代信息可以对查找不收敛的原因提供一定帮助。

不收敛一般表现在以下两个方面：

（1）有功发散。指迭代计算中，某个母线的相角过大。有功发散时，有功偏差最大的母线是最可疑的部分，需要检查该母线周围的拓扑结构、设备参数和量测。

有功发散的解决方法如下：

1）检查是否有多岛计算的情况发生，如果有多岛，查看是哪个岛发散，以便有针对性的检查。

2）检查线路、主变参数，是否存在很小的电抗，是否有电阻≫电抗的情况，是否有线路电纳数值不对的情况。状态估计算法在读取电网参数的时候，对于明显不合理的阻抗参数会自动纠正（显然只能是有限制的纠正，否则会带来其他问题），同时在状态估计结果列表的“线路参数可疑”“绕组参数可疑”中给出提示，这两张表可以为检查提供帮助。当然，这里只是说参数“可疑”，仅供参考。

3）找到全岛最大有功偏差的母线，重点检查周边的设备参数和量测。

4）用排除法查找电网模型中有问题的部分：通过人工设置开关刀闸状态，将此最大有功偏差的母线周围相关的支路（线路、主变）从主网中切除，再尝试启动状态估计，直到收敛为止。

（2）无功发散。指迭代计算中，某个母线的电压过大或过小。无功发散时，无功偏差最大的母线是最可疑的部分，需要检查该母线周围的拓扑结构、设备参数和量测。

无功发散的解决办法如下：

1）上述解决有功发散的方法同样也要考虑。

2）因为无功与电压密切相关，所以要检查变压器绕组额定电压、档位参数、档位量测是否正确。另外，还要给全部有分接头的变压器绕组设置上和现场一致的分接头位置值（搞清楚各分接头对应的电压，某些变压器有多个额定档，还有的变压器档位排列顺序和通常顺序不同，应该注意这些特殊情况）。

3）高压、长距离线路的充电无功往往会比较大，对计算结果的影响比较明显，需要核查高压长线路的电纳参数。

4）找到不收敛电气岛的无功偏差最大的母线，检查周边的线路参数、量测。

5）用排除法查找电网模型中有问题的部分：通过人工设置开关刀闸状态，将此无功偏差最大母线周围相关的支路（线路、主变）从主网中切除，再启动状态估计。

6）检查迭代信息中指出的参考母线是否有电压量测，量测数据是否正常。

（3）查找不收敛原因，其他需要注意的地方如下：

1）通过检查母线、变压器、线路功率不平衡，查找是否存在明显错误的量测量，另外连接关系错误也会造成母线功率不平衡。

2）因通道故障等原因导致全站量测不刷新。

3）因开关刀闸状态错误而出现了不合理的环网。

4）电网模型未及时更新。

9. 母线/变压器功率不平衡

（1）在状态估计结果列表中可以查看“母线/变压器功率不平衡”信息。

（2）针对每一条母线，在 g3_mmi 的接线图上，通过设备右键菜单“相关量测查看”可以查询该母线所连接的所有支路及其量测数据以及数据的代数和。变压器也可进行类似查询。

（3）对照图形检查母线所连支路是否齐全，如果缺少某条支路，肯定会造成该母线功率不平衡。对于缺失的支路，重点检查其开关、刀闸状态和设备连接关系。

（4）查看母线所连支路中是否存在没有采集量或采集数据明显错误的，若有，则应补全相关采集量或以其他方式处理。

（5）查看母线所连支路的 SCADA 采集值之和是否不平衡，若是，则需对 SCADA 采集值进行校准。

（6）查看是否有的量测方向违反了“入母线为负，出母线为正”原则，若是，则需在 SCADA 相关参数中对其取反，或在 PAS 界面上对其取反。

10. 厂站覆盖率不是 100%

g3_mmi 的结果列表中，“考核统计”→“未覆盖厂站”中列出状态估计未覆盖的厂站列表，由于这些厂站没有采集造成了厂站覆盖率不是 100%，如果确认这些厂站不在调管范围内，可以通过“厂站/母线设置”将这些厂站设置为“外网厂站”，以将其排除在厂站覆盖率统计范围之外。

11. 调度员潮流不收敛

多数情况下，如果状态估计收敛，并且估计的结果正确（遥测合格率一般要在 90%以上），潮流也会收敛，并且计算结果也应基本正确。如果潮流计算不收敛或结果误差较大，这种错误常见的原因如下：

（1）设备参数有问题。

（2）母线类型（平衡母线与 pv 母线）设置不对。

（3）连接关系错误；遥信、遥测数据的错误，状态估计虽然收敛，但结果误差较大。

第二节　OPEN3200系统维护

一、FES子系统应用

前置子系统（front end system，FES）是系统实时数据输入、输出中心。其基本任务是信息交换、命令传递、规约组织和解释、通道编码与解码、卫星对时、合理分配采集资源，承担着调度中心与各所属厂站之间、各上下级调度中心之间、本系统与其他系统之间以及与调度中心内的后台系统之间的实时数据通信处理任务。同时还具有报文监视与保存、站多源数据处理、为站端设备对时、设备或进程异常告警、SOE告警、维护界面管理等任务。

FES子系统采集的远方数据信号通过专线或网络通道输送到终端服务器或路由器，此时的数据信号没有经过处理，称为生数据。由3号、4号网段组成绿色通道，将生数据送入数据采集服务器，处理后成为熟数据，再通过1号、2号网段，将熟数据送入SCADA服务器，成为系统数据。FES子系统采用“按口值班”运行方式，值班设备或备用设备不是成组完成，将原来成组的设备细化到一个个具体的端口，一个设备上可以有某些端口是值班的，同时该设备上的另一些端口又可能是备用的。“按口值班”具有负载均衡、充分利用系统资源、设备无扰动切换等优点。

（一）FES子系统操作界面

1. 通道原码显示界面

在前置服务器/users/ems/open2000e/fes_bin目录下输入命令：fes_cdisp。显示各通道原码，静、动态查找原码，文档保存，打印报文，通道状态实时显示。

2. 通道报文显示界面

在前置服务器/users/ems/open2000e/fes_bin目录下输入命令：fes_rdisp。显示各通道报文，静、动态查找报文，存文档，报文动态翻译，分类型显示报文，人工召唤报文，人工校验报文，静、动态查找报文。

3. 实时数据显示界面

在前置服务器/users/ems/open2000e/fes_bin 目录下输入命令：fes_real。显示各通道实时数据，查找点号。显示刷新周期 1～5 秒。

4. 事件显示界面

在前置服务器/users/ems/open2000e/fes_bin 目录下输入命令：fes_event。显示本机记录下的遥信变位、SOE、控制记录。

5. 网络交换报文显示界面

在前置服务器/users/ems/open2000e/fes_bin 目录下输入命令：fes_netdisp。显示 FES 服务器与后台机及 FES 服务器之间报文。

6. 运行监视界面

在前置服务器/users/ems/open2000e/fes_bin 目录下输入命令：fes_table。包括：服务器在线状态与离线状态的监视与控制，通道连接状态（ABCD 机）、投入、退出、值班、备用等状态的切换与控制。重要进程故障、双网异常等情况下，FES 服务器处于异常状态。在主站和厂站间通讯误码较高或虽然通信正常但数据不刷新时报通道故障；在主站和厂站无法通信或虽能通信但误码极高时报通道退出。

7. 统计查询界面

在前置服务器/users/ems/open2000e/fes_bin 目录下输入命令：fes_query。显示主机，通信厂站和通道的投退统计与查询及运行率。

8. 模拟器界面

在前置服务器/users/ems/open2000e/fes_bin 目录下输入命令：fes_sim。可以在系统内部模拟产生遥信、遥测数据，对 FES、SCADA 通信与遥测、遥信有关的功能进行测试。

（二）FES 子系统常用实时库

FES 应用常用实时库分为设备类、定义表类、规约类和其他类四大类。

1. 设备类

（1）通信厂站表：描述厂站有关通信参数，表号 600。由 SCADA 厂站信息表触发生成。

（2）通道表：描述所有通道参数，表号601。由SCADA厂站信息表触发生成，默认只触发生成一条记录，如果厂站有多通道，则在通道里用该厂触发的通道复制粘贴操作增加通道。

（3）前置配置表：系统前置机的配置情况参数，记录格式为前置机的个数，该表一旦配好后，不能随意修改。表号为607。

（4）前置网络设备表：终端服务器的参数，记录个数为接入的终端服务器数目。表号为604。

2. 定义表类

（1）前置遥测定义表：是遥测前置通信、计算处理的参数，表号651。该表基本信息内容有设备类中的相关设备触发而来，其遥信ID号为自动触发生成，无需人工输入。

（2）前置遥信定义表：是遥信前置通信、计算处理的参数，表号650。该表基本信息内容是由设备类中的相关设备（断路器表、刀闸表、接地刀闸表、保护节点表、测点遥信信息表）触发而来。其遥信ID号为自动触发生成，无需人工输入。

（3）前置遥脉定义表：定义遥脉的通讯计算参数，表号652。

（4）前置遥信转发表：对需要从前置转发的量的通信参数定义，表号660。该表的记录为遥信定义表“是否转发”触发而来，不需人工输入，如果某一个量需要转发多次，则在前置遥信转发表里把这条记录复制粘贴多条即可。

（5）前置遥测转发表：对需要从前置转发的量的通信参数定义，表号661。该表的记录为遥测定义表“是否转发”触发而来，不需人工输入，如果某一个量需要转发多次，则在前置遥测转发表里把这条记录复制粘贴多条即可。

3. 规约类

（1）CDT规约表：填写所有CDT规约通道的CDT规约相关参数，触发生成，无需手动添加、删除，默认值为CDT规约。表号为700。

（2）IEC 101规约表：填写所有IEC 101转发规约通道的规约相关参数，触发生成，无需手动添加、删除。表号为701。

（3）IEC 104规约表：填写所有IEC 104转发规约通道的规约相关参数，触发生成，无需手动添加、删除。表号为703。

4. 其他类

包括《电力系统实时数据通信应用层协议》（DL/T 476—2012）的分组定义表、《电力系统实时数据通信应用层协议》（DL/T 476—2012）的分租转发表、规约映射表。

二、SCADA子系统应用

SCADA子系统处理FES子系统采集上来的实时数据，为调度员提供数据监视和操作，实现完整的实时数据采集和监控是OPEN3200的最基本应用。主要实现以下功能：数据处理、数据计算与统计考核、控制和调节、人工操作、事件和报警处理、拓扑着色、趋势记录、事故追忆及事故反演等。

（一）名词解释

（1）遥信对位：开关、刀闸变位后，厂站图上变位的开关、刀闸将闪烁显示，用以提示变位信息。此操作恢复开关、刀闸的正常显示。

（2）遥信封锁：不接受前置（FES）送来的遥信信号，开关、刀闸锁定当前状态。

（3）遥信解封锁：对开关、刀闸进行遥测封锁后，此操作用以解除封锁。开关、刀闸状态按照前置（FES）送来的遥信信号显示。

（4）遥测封锁：不接受前置（FES）送来的遥测数据，固定为封锁前的数据。

（5）遥测解封锁：解除设备或动态数据的遥测封锁，重新接受前置（FES）送来的遥测数据。

（6）遥测置数：将设备或动态数据当前的遥测值改变为设置的值。（注：接受到下一个遥测数据后，遥测值被刷新。请注意与遥测封锁的区别。）

（7）遥控闭锁：关闭设备的遥控功能，使之不能进行遥控操作。

（8）遥控解锁：解除设备的遥控闭锁状态。在遥控闭锁后使用。

（9）遥信变位：开关或刀闸的开、合状态的改变，称为遥信变位。

（二）SCADA遥测质量码说明

（1）工况退出：RTU退出而导致数据不再刷新。

（2）不变化：该遥测一段时间内未发生变化。

（3）跳变：该遥测的变化超过了一定范围（可定义），且保持了一段时间（可定义）。

（4）无效：目前暂未使用。

（5）越正常上限：量测超过正常的上限值范围。

（6）越正常下限：量测低于正常的下限值范围。

（7）越事故上限：量测超过事故的上限值范围。

（8）越事故下限：量测低于事故的下限值范围。

（9）越第三上限：量测超过第三上限值范围。

（10）越第三下限：量测低于第三下限值范围。

（11）越第四上限：量测超过第四上限值范围。

（12）越第四下限：量测低于第四下限值范围。

（13）非实测值：该遥测未从 RTU 采集。

（14）计算值：该遥测来自计算。

（15）取状态估计：该遥测来自状态估计。

（16）被旁路代：该遥测被旁路量测替代。

（17）被对端代：针对线路的遥测，该遥测被线路的对端量测替代。

（18）历史数据被修改：当历史数据被修改后，在对其进行采样查询时该数据会提示“历史数据被修改”。

（19）可疑：对于计算量，表示参与计算的某个分量在数据库中已删除而导致计算异常。

（20）旁代异常：旁路代路异常。

（21）分量不正常：针对计算量，表示参与计算的某个分量状态不正常（如工况退出等）。

（22）置数：该量测为人工置数值。

（23）封锁：该量测为人工置数值且保持住。

（三）SCADA 遥信质量码说明

（1）工况退出：RTU 退出而导致数据不再刷新。

（2）非实测值：该遥信未从 RTU 采集。

（3）事故变位：该遥信出现事故分闸，尚未确认。

（4）遥信变位：该遥信出现遥信变位，尚未确认。

（5）坏数据：针对双节点遥信，两个节点值校验异常。

（6）告警抑制：该遥信相关的告警仅保存历史库，其他告警动作被屏蔽。

（7）置数：该遥信的数值为人工置数值。

（8）封锁：该遥信的数值为人工置数值且保持住。

（9）正常：该遥信处于正常状态。

（四）SCADA 子系统数据表定义

SCADA 子系统需要定义的数据种类较多，既有公共的模型数据，也有 SCADA 专有的参数。不同类型的数据、不同功能的参数需在相应的实时库数据表中定义。SCADA 应用常用实时库分为系统类、设备类、参数类和计算类四大类。

1. 系统类

（1）行政区域定义。对系统数据的基本行政区域进行描述。在行政区域表（表号 209）输入以下域：区域名称、父区域 ID 号。

（2）厂站定义。定义系统的厂站信息。在厂站信息表输入以下域：区域 ID、厂站名称、厂站编号、厂站类型、1 屏画面名、2 屏画面名、3 屏画面名、是否自动旁路代、记录所属应用等。

（3）电压类型定义。定义系统的电压类型信息。在电压类型表输入以下域：电压类型名称、电压基值。

（4）间隔定义。定义系统的间隔信息。在间隔器信息表输入以下域：间隔类型 ID 号、厂站 ID 号、间隔名称、电压类型 ID 号。一般用于利用间隔生成图形或是系统需要间隔徒何光字牌功能是需要定义此表。

2. 设备类

系统对各种类型的电网设备在数据库中分别建立对应的关系型数据表，相应的，每类设备需在相关的一张或多张数据表中定义。

（1）断路器定义。在断路器信息表输入以下域：厂站 ID 号、断路器名称、断路器类型、电压类型 ID 号、记录所属应用。断路器信息表中的设备名称及厂站 ID 号可以通过画图填库的方式增加，也可以通过 dbi 人工添加记录。其遥信值将被触发到遥信定义表中，有功值、无功值等将被触发到遥测定义表中。

（2）刀闸/接地刀闸定义。刀闸/接地刀闸定义在刀闸信息表/接地刀闸信息表中输入以下域：厂站 ID 号、名称、类型、电压类型 ID 和所属应用。和断路器系息表类似，表内的设备名称及厂站 ID 号可以通过画图填库的方式增加，也可以通过 dbi 人工添加记录。其基本设备信息将被触发到遥信定义表中。

（3）母线定义。在母线表输入以下域：厂站 ID 号、母线名称、母线类型、电压类型 ID 号、记录所属应用。该表的设备名称及厂站 ID 号可以通过画图填库的方式增加，也可以通过 dbi 人工添加记录。母线表的基本设备信息将被触发到遥测定义表中。

（4）线路定义。线路定义涉及 3 张表：线路表、交流线段表、交流线段端点表。其中，线路表主要描述线路的整体信息，交流线段表主要描述线路每一段的具体信息，交流线段端点表主要描述线路的量测信息。

（5）变压器定义。变压器定义涉及两张表：变压器表和变压器绕组表。变压器表主要描述变压器的整体信息；变压器绕组表描述每个绕组的具体信息，包括量测信息。变压器表的基本设备信息根据其绕组类型将自动触发到变压器绕组表中。变压器绕组表的基本设备信息将被触发到遥测定义表中。

（6）发电机、负荷、容抗器、终端设备定义。分别在发电机表、负荷表、容抗器表、终端设备表中定义。其中发电机表、负荷表、容抗器表中的基本设备信息将被触发到遥测定义表中，终端设备（如避雷器、消弧线圈等）没有量测量触发。

（7）馈线定义。一个逻辑上的概念，从变电站的角度来说，一条出线即为一条馈线，终点为线路末端或联络开关。馈线是配电网站外设备的管理逻辑单位，是站外设备容器，站外开关、站外母线、站外容抗器、站外变压器、站外负荷以及开闭所和组合设备均从属于该容器。在实时数据库界面上打开馈线表，需输入以下域：所属厂站、馈线名称、地区 ID、记录所属应用。

（8）开闭所定义。开闭所又称开关站，主电源首先接入 10kV 开关站，再分出多路 10kV 出线到各个负荷集中的变配电室或车间变电所。站外开关在从属于馈线的同时，还可以从属于开闭所。在实时数据库界面上打开开闭所表，需输入以下域：所属馈线、开闭所名称、开闭所编号、地区 ID、所属责任区、记录所属应用。

（9）组合设备定义。定义配电网的环网柜、分支箱等设备信息。配网母线、站外开关可以从属于组合设备。在实时数据库界面上打开组合设备表，需输入以下域：所属馈线、组合设备名称、组合设备类型、设备资产 ID、所属责任区、记录所属应用。

（10）配网开关刀闸定义。定义配网的开关类设备，如负荷开关、线路开关、电缆头、刀闸等。在实时数据库界面上打开配网开关刀闸表，需输入以下域：所属馈线、开关名称、开关编号、开关类型、所属开闭所、所属组合设备、所属杆塔、电压等级、设备资产 ID、所属责任区、记录所属应用。

（11）配网馈线段定义。配网中线路的开断设备之间电流或设备参数未发生变化的线段（可以为架空线或电缆，若开断设备之间有 T 接则为多段馈线段）。定义配网的架空线、电缆等设备。在实时数据库界面上打开配网馈线段表，需输入以下域：所属馈线、馈线段名称、馈线段类型、杆塔号 1、杆塔号 2、电压等级、设备资产 ID、长度、馈线型号、所属责任区、记录所属应用。

（12）配网负荷、配网变压器、配网母线、配网容抗器、配网容杆塔定义。分别在配网负荷表、配网变压器表、配网母线表、配网电容器表和配网杆塔表中定义相关设备。

3. 参数类

（1）遥测定义。SCADA 子系统的实时遥测数据分别在相关类型的设备表或测点遥测信息表的对应的域中存储。相应的，界面或其他应用需从这些表相关的遥测域获取遥测数据。遥测域主要如下：

1）旁路或母联开关遥测：断路器信息表，“有功值”“无功值”“电流值”。

2）母线遥测：母线表，“线电压幅值”。

3）线路遥测：交流线段端点表，“有功值”“无功值”“电流值”。

4）变压器遥测：变压器绕组表，“有功值”“无功值”“电流值”“分接头位置”。

5）发电机遥测：发电机表，“有功值”“无功值”“电流值”。

6）负荷遥测：负荷表，“有功值”“无功值”“电流值”。

7）容抗器遥测：容抗器表，“无功值”“电流值”。

8）配网开关刀闸遥测，“有功值”“无功值”“电流值”。

9）配网负荷遥测，“有功值”“无功值”“电流值”。

10）配网变压器遥测：“高端有功值”“低端有功值”“高端无功值”“低端无功值”“高端电流值”“低端电流值”。

11）配网母线遥测：配网母线表，“线电压幅值”。

12）配网容抗器，容抗器表，“无功值”“电流值”。

13）其他遥测（如油温、频率等）：测点遥测信息表，“实测值”。测点遥测定义表描述其他类的遥测信息，定义方法如下：在实时数据库界面上打开该表，输入厂站 ID 号、测点名称、类型、记录所属应用等域。

上述表定义之后，在遥测定义表自动触发生成相应的记录（哪些类型的遥测需触发至遥测定义表可在数据库中定义），相当于遥测定义表是系统中所有遥测数据的汇总表。相应的，上述表删除记录之后，遥测定义表相关的记录也自动触发删除。遥测定义表中的量会同时触发到前置遥测定义表中，同时需要在前置遥测定义表中定义每个遥测的通信参数。关于遥测定义的单向触发关系如图 3－15 所示。

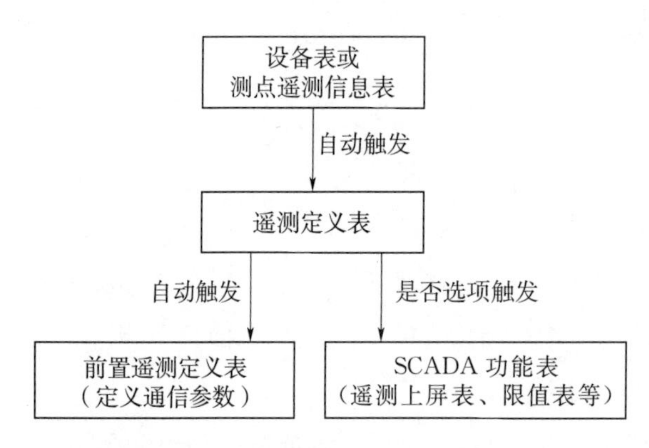

图 3－15　遥测定义单向触发关系图

（2）遥信定义。SCADA 子系统的实时遥信数据分别在相关类型的设备表、保护节点表、测点遥信信息表的对应的域中存储。相应的，界面或其他应用需从这些表相关的遥信域获取遥信数据。遥信域主要如下：

1）断路器遥信：断路器信息表，“遥信值”“辅节点遥信值”。

2）刀闸遥信：刀闸表，“遥信值”“辅节点遥信值”。

3）接地刀闸遥信：接地刀闸表，“遥信值”“辅节点遥信值”。

4）保护硬节点遥信：保护节点表，“遥信值”。

5）配网开关刀闸遥信：配网开关刀闸表，“遥信值”“辅节点遥信值”。

6）其他遥信（如信号量、工况等）：测点遥信信息表，“遥信值”。

保护节点表描述保护硬节点信息，定义方法如下：在实时数据库界面上打开该表，输入厂站 ID 号、保护名称、保护类型、相关设备 ID、记录所属应用等域。

测点遥信信息表描述其他类的遥信信息，定义方法如下：在实时数据库界面上打开该表，输入厂站 ID 号、测点名称、类型、记录所属应用等域。

类似于遥测，断路器信息表、刀闸表、接地刀闸表定义之后，在遥信定义表自动触发生成相应的记录（哪些类型的遥信需触发至遥信定义表可在数据库中定义）；同样的，保护节点表、测点遥信信息表定义之后，在二次遥信定义表自动触发生成相应的记录。相当于遥信定义表、二次遥信定义表是系统中所有遥信数据的汇总表。相应的，上述表删除记录之后，遥信定义表或二次遥信定义表相关的记录也自动触发删除。遥信定义表和二次遥信定义表中的量会触发到前置遥信定义表中，同时需要在前置遥信定义表中定义每个遥信的通信参数。

（3）遥控遥调定义。系统涉及遥控定义、遥调定义、调档定义 3 种类型定义，分别在遥控关系表、遥调关系表和档位关系表中定义。遥控关系表、遥调关系表即可以人工添加，也可由其他表触发。遥信定义表、二次遥信定义表触发遥控关系表，遥测定义表触发遥调关系表。

4. 计算类

系统定义的计算类型包括各应用公用的公式计算、SCADA 应用的特殊计算及电度计算等。不同类型的计算在数据库中分别对应不同的数据表描述。

（1）公式计算定义。系统提供了专用的面向多应用的公式定义界面（formula_define），该界面提供了公式浏览及编辑、公式校验等功能。利用该工具可实现 SCADA 子系统的公式定义。

（2）特殊计算定义。对于算法固定的常用计算或用公式描述比较复杂的计算可在特殊计算表中定义。

（3）极值潮流统计定义。按周期方式（周期为 5 秒）实时统计实时数据（如频率、总加量）的日、月、年极大值，极大值发生时间，极小值，极小值发生时间等。过零点时，自动保存昨日的统计结果（日极大值及时间、日极小值及时间）至历史库，用于以后的查询及统计。这种类型的统计在极值潮流统计定义表中定义。

（4）遥测跳变定义。监测指定遥测（如频率、机组出力）的前后变化趋势，按设定的参数判断是否跳变，形成告警。遥测跳变在遥测跳变事故定义表中定义。

(5) 越限定义。SCADA 子系统处理的越限有两种类型：测点越限和设备越限。测点越限即常规的针对单个遥测的越限处理；设备越限根据设备的实时量测值及相应的限值，以设备为对象的越限处理。这两种越限分别对应多张数据表定义。测点越限在限值表中定义，该表既可以人工添加，也可由遥测定义表触发生成，然后再修改具体的参数。设备越限在对应的设备表中定义，可对母线、线路、变压器、发电机 4 类设备判越限。

(6) 标志牌定义。画面挂牌操作使用的标志牌的相关属性在标志牌定义表定义。

(7) 事故定义。SCADA 子系统的事故主要有以下多种类型：事故总动作＋断路器分闸、保护动作＋断路器分闸、断路器分闸、遥测越限事故、遥测跳变事故等。多种类型的事故分别在相关的数据表中定义：

1) 事故总动作＋断路器分闸。系统默认的事故类型。事故总信号在保护节点表中录入，需注意的是：保护类型域选“事故总”，是否判事故域选“是”，事故延迟时间域根据实际情况录入。

断路器分闸信号与该厂的事故总动作信号在事故延迟时间内都收到，则判该断路器事故分闸。

2) 保护动作＋断路器分闸。保护信号在保护节点表中录入，需注意的是：保护类型域选“动作信号”或“其他”，是否判事故域选“是”，相关设备 ID 域录入相关断路器 ID，事故延迟时间域根据实际情况录入。

保护动作信号与相关的断路器分闸信号在事故延迟时间内都收到，则判该断路器事故分闸。

3) 断路器分闸。对于重要的断路器且无相应的保护信号，可在断路器信息表是否事故域选“是”，则在收到该断分闸信号时判该断路器事故分闸。

4) 遥测越限事故。对应重要的遥测（如频率）在越限时可判为事故。在限值表中录入，步骤如下：是否为事故域选“是”，事故状态域选相应的越限状态，定义越哪些限的时候就判为事故。

5) 遥测跳变事故。对应重要的遥测（如频率）在跳变时可判为事故。在遥测跳变事故定义表定义相关信息，是否事故域选“是”。

(8) 告警定义。告警分为不同的类型，并提供推画面、音响、语音、打印等多种报警方式。

在告警定义界面（warn_define）上选择不同告警类型对应的告警行为和告警方式。

SCADA告警主要在遥信变位、遥测越限、图形界面上遥信、遥测、遥控、遥调、置牌等操作时形成，告警信息一般包含时间、设备、状态等。历史告警信息包括：YX变位，越限登录、厂站工况登录、结点工况登录、人工YX封锁、人工厂站封锁、人工遥控、人工遥调、事件登录、人工YC封锁。可以通过告警查询窗口界面（warn_query）对历史告警信息进行查询。

（9）曲线定义。可通过曲线工具（GCurve）界面进行系统曲线定义。曲线工具提供便捷的手动修改功能，直接与数据库连接，使数据显示与修改具备可视化。

（10）权限定义。为保证系统的安全性，不同的用户赋予不同的权限，只有被授权的用户才能做相应的操作。通过用户权限定义与管理界面（priv_manager）定义不同用户的权限。系统权限定义采用层次管理的方式，相关的主体有功能、角色、特殊属性、用户和组5种。

（11）责任区定义。在电力系统实际调度中，每个调度员只负责管理系统中的一个区域，这个区域叫做责任区。通过责任区管理界面（area_manager）定义责任区，调度员在工作站的控制台上选择本机的责任区，设置责任区的工作站只接收该责任区中的告警，只能对该责任区中的厂站或设备进行人工操作。

三、WEB子系统

WEB系统位于DMS系统的Ⅲ区，通过物理隔离与Ⅰ区实时系统分开，是一个相对独立的系统，具有自身的商用库和实时库及应用主机。该系统具备以下功能：

（1）具有方便快捷的登录功能和完善的权限管理功能。

（2）实现厂站接线图、潮流图、系统图等多种图形类型的正确显示。

（3）具有动态数据的实时刷新、拓扑着色等基本功能。

（4）实现遥测、遥信的右键菜单中的基本查询功能，尤其对于遥测的右键还实现了曲线查询功能。

（5）具有快速定位功能，方便导航到目标图形。

四、报表子系统

报表系统是DMS系统的一部分，用来创建、修改和浏览报表。报表系统按照功能划分为3个模块：报表浏览器、报表编辑器、报表服务。

报表浏览和报表编辑器都是界面工具，可通过界面上的按钮在两种状态之间切换。报表浏览器主要是查询已预定义好的报表，可对查询结果进行处理保存，同时支持历史数据修改功能。报表浏览器界面通过在终端中进入$OPEN2000E_HOME/bin/report目录下，输入命令：java -jarreport.jar，或者使用脚本LinuxReport.sh，报表浏览器界面上的菜单功能大部分与Excel相似。

发布本地报表定义：选择“报表”—〉“发布”菜单，弹出一个对话框，确认将该报表上传到服务器，选择“是”，将报表保存到商用库中，保存成功会弹出一条提示信息。

第三节　调度自动化关键辅助系统维护

一、UPS系统管理及维护

调度自动化专业负责调度自动化UPS电源管理。负责UPS技改、大修计划申报及项目管理。负责组织空调定检、异常和事故调查、反措。

电源是自动化系统运行的基础，要保证自动化系统的安全稳定运行，就必须保证电源系统的安全、可靠和不间断运行。对于运行中的UPS系统，自动化专业人员应对其每天进行1次巡视，并委托专业人员每月进行1次巡检，每季度进行1次详细的定检。定检完成后1个月内应提交完整准确的试验报告。试验报告应包括定检项目、定检结论、发现缺陷及处理情况等。定检中发现的缺陷应及时处理并做好工作记录。其要求如下：

1. 蓄电池的维护

电池外观进行仔细检查，包括：壳体是否清洁和有无爬酸现象，若有应擦拭干净，并保持通风和干燥；电池箱、盖和电极是否有损坏的痕迹；电极是否生锈；壳体是否有渗漏、变形，若有应及时更换；电池盖和电极柱封口有无过度膨胀及热损害或熔融的迹象；电池盒、导轨、电池架等有无机械或热损害等。

检查蓄电池连接线松紧程度是否合适，极柱螺丝是否松动，若有应紧固。测量蓄电池单体内阻值及连片阻值，将数据与原始记录值进行比较，若内阻较高，则着重检查以下各项：蓄电池的运行方式是否正确；蓄电池电压和温度是否在规定范围；蓄电池是否长期存在过充电或欠充电；运行年限是否超过制造厂家推荐年限。

测量蓄电池组温度，检查并记录温度异常的电池。若蓄电池壳体温度超过 35℃时，检查壳体是否清洁和有无爬酸现象。

2. 蓄电池的核对性充放电试验

当有两组蓄电池时，应一组运行，另一组退出运行，要进行核对性充放电；如果仅有一组蓄电池时，可用临时蓄电池将运行的蓄电池倒换退出运行后，进行核对性充放电。用 I10 电流值恒流放出额定容量的 50%；放电后应立即用 I10 电流进行恒流→恒压→浮充电，反复充放 2～3 次；放电过程中单体蓄电池的放电终止电压不得低于 1.8V 规定；充电末期蓄电池的电压应达到 2.30～2.35V，并且充入的容量应不小于放出容量的 120%；若经 3 次充放电循环蓄电池的容量还达不到额定容量的 80%，则可认为该组蓄电池的寿命终结，应进行更换。

3. UPS 主机的检修

（1）外观检查：面板显示、按键、指示灯、风扇运行是否正常。

（2）设备内部电感、电解电容和功率线的外观检查。

（3）设备内部各功率部件及电路板信号线的物理连接检查。

（4）检查模块、电路板、导轨、连接端子的金属件是否出现氧化。

（5）检查设备清洁程度，特别是设备内部的积尘及其他物质。

（6）设备绝缘检查。

（7）设备运行环境检查：设备通风及散热是否良好、环境温度，设备有无进水可能。

（8）UPS 运行参数的检查：整流器（充电器）、逆变器、静态旁路、负载运行参数是否正常、检测值与实际测量值是否有偏差。

4. UPS 配电系统检查

（1）接地保护检查。

（2）检查输入输出开关、接线端子、接触器件接触是否良好，容量是否符合要求。

（3）检查三相输入输出电压、电流，测试零线电流及零地电压。测试负载平衡度。

（4）检查输入输出电缆、开关的温度，检查电缆有无老化、破损，电缆头连接良好。

（5）定时均充试验。输入均充组号及定时时间，按确认键，系统以定时方式启动均充，当定时均充结束后，自动转浮充运行。

（6）充电机限流保护试验。当充电机输出的直流电流增大至限流动作值时，直流输出电压和电流应能突然下降，起到保护充电装置的作用。

（注：UPS 定检应严格按照自动化 UPS 系统定检典型作业指导书进行。）

二、空调系统管理及维护

（1）空调日常巡视应每工作日至少 1 次，所在地区电网重大保供电、启动应急响应、重大活动或其他调度生产特殊需要时段，应根据调度生产需要增加巡视频度。巡视、定检应填写记录并保存不少于 2 年。出现缺陷应按照缺陷管理的要求及时处理并上报。日常巡视项目及要求如下：

1）机房精密空调。

a. 显示：无故障提醒。

b. 压缩机、皮带：无杂音、压缩机进出口连接处无渗油迹象。

c. 滤网：干净。

d. 室外机：无杂音、干净。

e. 加湿灌：无滴水。

2）机房分体空调。

a. 显示：无故障提醒。

b. 压缩机：无杂音、压缩机进出口连接处无渗油迹象。

c. 滤网：干净。

d. 室外机：无杂音、干净。

（2）巡检每月 1 次，定检每季度 1 次。需检查的内容如下：

1）检查主控电路工作状态：主控制板运行状态、I/O 板运行状态。

2）主控电路工作参数：测量压缩机的各相工作电流、送风风机的各相工作电流、电加热的各相工作电流、冷凝器的各相工作电流、蒸汽加湿器的

各相工作电流。

3）检查各项安全保护值：测试压缩机低压、高压保护开关切定点，冷凝器压力开关切定点，测量蒸发器、冷凝器的温度，观察管路内制冷剂液视镜的干湿，调整吸气阀门最小开度及热气旁通开度点的大小。

4）检查系统压力及工作状态：测量压缩机的运行压力、空调运行状态检查、过滤网的清洁、清洁室内机的清洁、加湿器的清洁（精密空调）、冷凝器的清洁、调整风机皮带（精密空调）、轴承、接触器，接线端子是否良好，进、排水系统是否通畅，加热情况是否良好。

5）定期更换过滤网等易损件及耗材。

6）更换损坏的损耗性元件。对于精密空调，应至少每半年更换1次加湿器滤网。

7）补充制冷剂。

8）检查机组运行环境，运维服务厂家在甲方设备满足运行要求的条件下，应按照《中国南方电网有限责任公司企业标准自动化机房建设规范》的要求，保障机房温度为：23℃±1℃，湿度为：40%～55%。

检修维护完成后，清理检修维护现场。如检修维护工作影响到调度生产专业用房的温湿度保障的，应该提前做好相关保障措施。

三、动力环境系统管理及维护

调度自动化专业负责调度自动化专业机房动力环境管理。对于运行中的动力环境系统，自动化专业人员应对其每天进行1次巡视，并委托专业人员每月进行1次巡检，每季度进行1次详细的定检。定检完成后1个月内应提交完整准确的试验报告。试验报告应包括定检项目、定检结论、发现缺陷及处理情况等。定检中发现的缺陷应及时处理并做好工作记录，其要求如下：

（1）对调度自动化机房动力环境监控系统及相关设备进行检查、维护，包括机房防盗入侵系统监控通信状况、UPS系统通信状况、空调系统通信状况、配电系统监视状况、机房温湿度监测、漏水检测、短信报警模块、视频监视以及火灾报警系统等。

（2）对异常的设备进行修理。

（3）将新增的系统设备接入动力环境监控系统。

（4）检查新风系统运行情况并进行维护。

第四节 厂站接入调试

一、新厂站并网自动化系统工作指南

1. 并网前需完成的工作

（1）调通厂站至地调、备调的各类业务通道。

（2）与地调、备调完成业务数据核对。

（3）电厂 AGC、AVC 试验、联调。

（4）投产后电量数据核对。

2. 厂站端接入调试管理要点

（1）变电站：玉溪电网调管的 35kV 及以上变电站全部接入玉溪地调 OCS 系统，县调调度主站系统、集控站自动化系统不再接入（OCS 系统已正式投运）。220kV 及以上变电站除了接入地调 OCS 系统外，还需接入云南省调 OCS 系统。

（2）水电站/风电场/光伏电站：省地共调的电站需要接入玉溪地调 OCS 系统、云南省调 OCS 系统。非共调电站直接接入玉溪地调 OCS 系统。

（3）省地共调电站的范围：一般情况下，110kV 及以上水电站、110kV 及以上风电场、35kV 及以上光伏电站为省地共调电站。

3. 远动点表及接线图报送要求

（1）总体要求：现场联系开展远动信息核对工作前，必须保证厂站与玉溪地调调度端远动通道已调通、现场一次接线图已由玉溪地调方式专业正式发文、现场已完成站内自动化信息调试工作。若不符合以上条件，不受理相关业务工作。

（2）远动点表报送时间要求如下：

1）新建 500kV 变电站或开关站在设备计划投运前 30 个工作日报送。

2）新建 220kV 变电站或开关站在设备计划投运前 25 个工作日报送。

3）新建 110kV 变电站或开关站在设备计划投运前 20 个工作日报送。

4）新建 35kV 及以下电压等级变电站或开关站在设备计划投运前 15 个工作日报送。

5）新建电厂、用户变电站在设备计划投运前 20 个工作日报送。

6）改造 500kV 变电站或开关站在设备计划投运前 20 个工作日报送。

7）改造 220kV 变电站或开关站在设备计划投运前 15 个工作日报送。

8）改造 110kV 变电站或开关站在设备计划投运前 12 个工作日报送。

9）改造 35kV 及以下电压等级变电站或开关站在设备计划投运前 8 个工作日报送。

10）改造电厂、用户变电站在设备计划投运前 15 个工作日报送。

11）变电站或开关站 500kV 的单一间隔在设备计划投运前 10 个工作日报送。

12）变电站或开关站 220kV 的单一间隔在设备计划投运前 7 个工作日报送。

13）变电站或开关站 110kV 的单一间隔在设备计划投运前 5 个工作日报送。

14）变电站或开关站 35kV 及以下电压等级的单一间隔在设备计划投运前 3 个工作日报送。

15）电厂、用户变电站中的单一间隔在设备计划投运前 7 个工作日报送。

各工程项目管理单位需按照对应的时限上报远动点表初稿，不能按时报送导致工程项目推迟投运的，由工程项目管理单位自行负责。

4. 远动点表挑选原则

（1）必须按照《玉溪电网厂站（配电终端）远传调度、集控站自动化系统四遥信息实施细则》挑选远动四遥信息，现场负责人按标准中对应的 sheet 页选择正确的电压等级、厂站类别。

（2）四遥信息描述。信息内容前必须冠以标准间隔名称，按“电压等级＋间隔名称＋间隔断路器编号＋描述内容”，如“110kV 红大早线 161 断路器弹簧未储能”。公用间隔不必遵守此原则。

（3）遥信描述必须规范。请明确遥信描述的确切定义，保护动作还是告警必须说明。错误的描述如：“投远控”是指 KK 把手投远方，还是遥控功能投入远方；“零序过流”是零序过流告警，还是零序过流动作；“比率差动 A 相”是否为比率差动 A 相动作信号等。

（4）远动点表报送格式。现场负责人按照“玉溪地调厂站接入调试表单”格式，填写厂站基础数据、遥信点表、遥测点表、遥控点表。

5. 远动点表审核流程

现场综自厂家筛选远动点表初稿—玉溪地调自动化组审核初稿—调控中心复核—反馈玉溪地调自动化组—下发正式远动信息表单—现场执行，下装远动机参数。

二、OMS 系统资料上报要求

按照南网公司要求，新投、改造厂站在投产前 10 个工作日须登录 OMS

系统完成权限申请以及远动定值单的填报工作。以下为需要录入信息的3个模块：厂站远动信息转发定值管理模块（四遥点表及一次接线图录入）、测控/远动定值管理模块（测控/远动装置参数录入）、自动化基建接入调试模块（自动化基建信息录入）、AVC定值单，定值单内容填写完成提交至自动化专业负责人审批。

以下为该系统录入相关说明。

（一）厂站远动信息转发定值管理模块

1. 流程说明

厂站远动信息转发定值填报流程如图3-16所示。

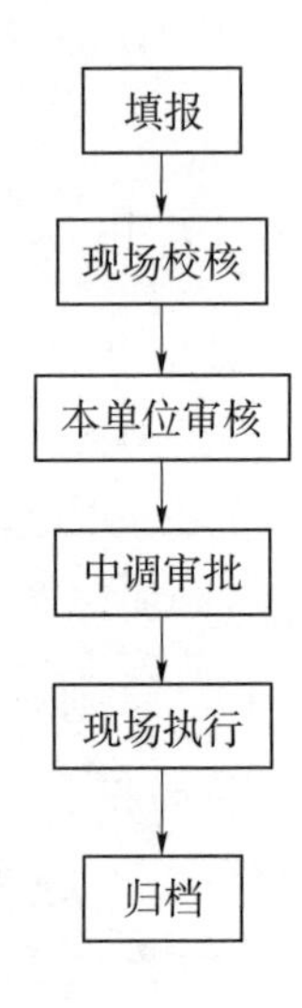

图3-16 厂站远动信息转发定值填报流程

2. 录入相关要求

填报时系统内有相应四遥点表模板，请自行下载填入后上传即可。下载的模板不得随意更改格式，否则无法上传。附件主接线图必须是调度编号命名下达盖章的主接线图。相关命名格式必须规范，否则中调审批不予通过，将回退至填报人处。

（二）测控/远动定值管理模块

测控/远动定值填报流程如图3-17所示。

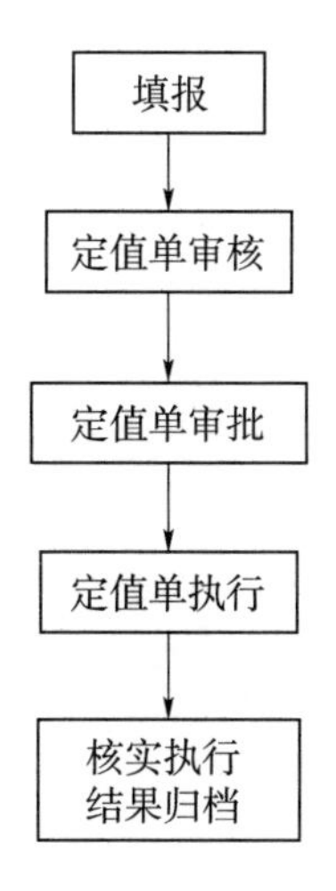

图 3-17　测控/远动定值填报流程

(三) 自动化基建接入调试单模块

1. 录入流程说明

自动化基建接入调试单填报流程如图 3-18 所示。

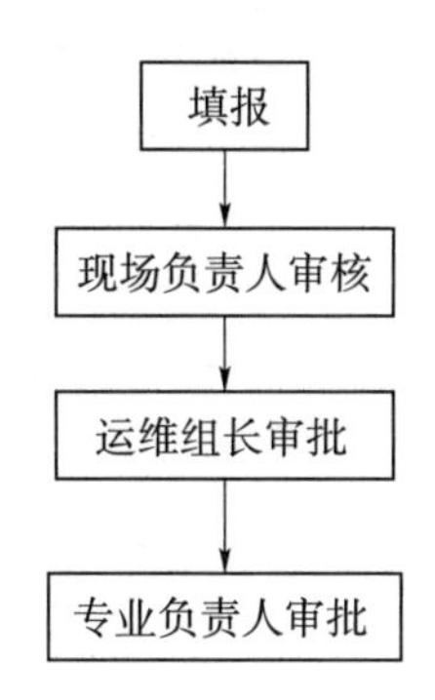

图 3-18　自动化基建接入调试单填报流程

2. 注意事项

在填报完成发送时要勾选所有的环节以及所有人员发送，否则会造成流程走不通。

三、自动化设备基础信息收集要求

(1) 现场投运前，须完成以下资料报送：

1) 根据厂站类型填写“变电站/发电厂基础数据（模板）”自动化设备基础信息，设备型号及相关内容必须填写完备。

2）填写《PAS所需参数收集表》。

3）填写《基建接入调试单》。

以上资料必须在投运前上交，否则不予批复厂站投运申请。

（2）电力安防测评要求。根据《中国南方电网电力监控系统安全防护管理办法》（Q/CSG 212001—2015）规定：新建或改造的应用系统接入电力监控系统前，应聘请第三方测评机构开展安防测评，对存在问题及时落实整改，通过后才能并网运行。重要电力监控系统及关键设备应全生命周期安全管理，上线前应当由国家有关部门认可的具有相应测评资质的机构开展系统漏洞分析及控制功能源代码安全检测。

四、厂站接入调试单

厂站接入调试表单分为自动化人员调试工作表、厂站基础数据表、遥信点表、遥测点表、遥控点表5个部分。调度自动化系统主站接入调试工作表是为规范调度自动化人员接入调试工作时使用的表单，同时也为反馈厂家的定稿表单。自动化人员在接收厂站调试工作开始时需打印填写该表单并将一次接线图一同装订整理，在后续工作中每完成一项工作就填写相应栏目对应信息，签名确认，以供今后记录查询所用。表3－1是调度自动化系统主站接入调试工作表。

表3－1　调度自动化系统主站接入调试工作表

<table>
<tr><td colspan="9">调度自动化系统主站接入调试工作表</td></tr>
<tr><td colspan="2">厂站名称：</td><td>调试负责人：</td><td></td><td colspan="2" rowspan="2">所属监控区：</td><td colspan="3" rowspan="2">接入：OCS（　　）；配网（　　）</td></tr>
<tr><td colspan="2">计划投运时间：</td><td>协助人员：</td><td></td></tr>
<tr><td>步骤</td><td>项目名称</td><td colspan="2">注意事项</td><td>是否涉及</td><td>是否完成</td><td>最终完成时间</td><td>完成人员签名</td><td>备注</td></tr>
<tr><td>1</td><td>新建厂站</td><td colspan="2">（1）新增厂站参数及RTU参数选中相应责任区，玉溪地调所辖厂站必选玉溪主调、自动化/运维、PAS/方式、备调责任区，其余按照相应监控区、县调进行选择；
（2）新建RTU参数表，数字量点个数、模拟量点个数、SOE点个数、输出点个数根据需要填写</td><td></td><td></td><td></td><td></td><td></td></tr>
</table>

续表

<table>
<tr><th>步骤</th><th>项目名称</th><th colspan="2">注意事项</th><th>是否涉及</th><th>是否完成</th><th>最终完成时间</th><th>完成人员签名</th><th>备注</th></tr>
<tr><td>2</td><td>改造厂站/间隔</td><td colspan="2">（1）原间隔四遥信息对应点号是否替换描述，不替换的点确认是否还用，无用的、多余的点需要删除；
（2）原一次接线图是否需要保留，确认不需要保留的，网络删除</td><td></td><td></td><td></td><td></td><td></td></tr>
<tr><td>3</td><td>通道接入</td><td colspan="2">（1）通道参数表根据实际应用通道数据（如64K通道对应Chase、2M对应IP地址、端口号等）进行填写，报文分类自动保存选“全报文保存”；
（2）64K模拟通道，速率与中心频率、频偏对应：300bps（3000Hz±150Hz）、600bps（2880Hz±200Hz）、1200bps（1700Hz±400Hz）</td><td></td><td></td><td></td><td></td><td></td></tr>
<tr><td>4</td><td>主接线图绘制</td><td colspan="2">（1）画图时不可以放缩图元大小；
（2）小车关联原则：上XC、下XC1、左XC、右XC1；
（3）主接线图需要设置责任区；自动生成的间隔图责任区默认为空，需要进行设置责任区的应单独设置；
（4）接线图完成后需要连接关系检查，连接关系无误后保存连接关系；
（5）一次接线图画面上增加变电站总有功、总无功；
（6）一次接线图画面上增加变电站联系电话；
（7）在变电站名称上设置返回键热点；
（8）厂站链接需分别在调控中心、监控中心、集控站、配网、县调的一次接线图导航界面添加</td><td></td><td></td><td></td><td></td><td></td></tr>
<tr><td>5</td><td>四遥数据录入</td><td>数字量表</td><td>（1）量测类型、数据类型、所属类名对应选项选完后需选正常状态需要选择；
（2）断路器需选判事故方式（目前为事故总或保护信号）；
（3）报警模式：打印、存盘、显示全选；
（4）优先级1～3的勾选语音；
（5）推图统一不选（事故默认推图，不需勾选）；
（6）责任区：玉溪地调所辖厂站必选玉溪主调、自动化/运维、PAS/方式、备调责任区，其余按照相应监控区、县调进行选择；
（7）所属类名为数字采集量点的，采集信息中，必须填采集RTU名和采集点号；
（8）需要遥控的信息，填控制信息中遥控校验码，控制类型，输出点号分、合点号需填，其余按需进行填写</td><td></td><td></td><td></td><td></td><td></td></tr>
</table>

续表

步骤	项目名称		注意事项	是否涉及	是否完成	最终完成时间	完成人员签名	备注
5	四遥数据录入	模拟量表	(1) 母线线电压需加限值信息（电压正常范围：110kV以上－3%～7%，10kV为0～7%，若有特殊通知，以方式通知为准，限值设操作上下限值)； (2) 量测类型、数据类型、所属类名对应选项选完后需选正常状态需要选择，合理性上下限需设置； (3) 量测信息相关数据需填写； (4) 档位模拟量需做升降调节时，控制类型需选升降控制，发令时限、遥控时限、返校时限需不小于30秒；控制命令组中执行命令需选预置					
6	四遥信息核对	数据库内容复核	(1) 名称描述是否规范，无错字，特别注意查看罗马数字是否是英文字母； (2) 从厂站表、RTU、通道表及对应厂站下所有的列表都进行一遍报警模式、责任区核对					
		与现场核对点表	(1) 遥信遥测点号、描述是否一致； (2) 告警窗口是否收到报文，间隔光字牌闪烁，主接线图上开关分合时画面闪烁； (3) 遥测量加量测试					
		画面核对	(1) 核对线路名称、断路器编号是否一致； (2) 间隔图内的名称与主接线图名称一致，间隔图内图形无覆盖，遥测量单位合理； (3) 断路器、母线量测标注是否添加完全； (4) 查看站用变监视界面、直流系统界面、棒图界面、厂站工况、调控中心界面光子牌是否已经添加相关厂站信息； (5) 有功总加是否关联					
		前置双通道数据比对	(1) 遥信表双通道数据比对； (2) 遥测表双通道数据比对					

续表

步骤	项目名称	注意事项	是否涉及	是否完成	最终完成时间	完成人员签名	备注
7	设备信息完善	系统PAS功能数据完善： (1) 变压器组表（变压器抽头类型必填）； (2) 电容器表（额定容量必填）； (3) PAS线路表增加110kV及以上线路线，线路名称需规范； (4) T接线路需在T接厂站接线图完善连接关系，且连接关系要存库					
8	地理图修改	地理图修改					
9	电网潮流图修改	潮流接线修改					
		厂站链接修改					
10	监视界面修改	(1) 玉溪电网事故及失压信息监视图（厂站投运后再增加）； (2) 站用电监视界面； (3) 动态电压棒图； (4) 直流屏监视界面； (5) 厂站工况（玉溪通道工况图）					
11	报表修改	(1) 玉溪供电局电压合格率月报； (2) 玉溪电网基础数据报表； (3) 玉溪电网关口表日负荷统计表； (4) 其他报表					
12	负荷监控表	(1) 负荷总加； (2) 变压器过载监视一览表； (3) 110kV主变潮流监控图； (4) 220kV及以上主变潮流监控图； (5) 潮流断面过载监视一览图					
13	过载监视	线路负载率、断面负载率、三卷变负载率、两卷变负载率					
14	AVC调试	(1) 提供的厂站信息表遥信表中须有AVC相关的遥信点； (2) 把遥信、遥控关联到对应的设备上； (3) 在AVC系统中完成遥信核对及遥控试验					
15	DTS参数维护	新增厂站需增加相应DTS数据					
16	保护定值校核维护	新增厂站需增加相应保护定值校核数据					

五、自动化人员接入调试工作指引

1. OCS系统增加新站流程指南

（1）建立厂站参数。使用数据库维护界面（g3_dbui）在SCADA－＞厂站中建立相应厂站，其中：厂站名按照一定的规则设置，不可以重复；建议厂站名不要太长，一般用简称即可；选择合适的区域名称和责任区；正确选择基准电压。增加完厂站后在该站中增加电压等级。

（2）增加相应RTU。需要设置前置系统关键参数：子站地址、RTU地址、RTU类型；遥测、遥信、遥脉、SOE等最大个数；对应被整站转发的RTU号；对钟周期，调试标志，变化数据死区值、数值起始点号等。

如需要配置相应的配置规约配置表，一般常规的不需要配置，在对应规约配置表中配置即可。

（3）绘制厂站一次接线图。对照电气一次接线图，将各电气元件的位置布置妥当。可适当调整位置使图形更为美观；可以利用图库中的电力设备集下的间隔模版绘制图形。

（4）整理遥测、遥信参数导入数据库。制作参数的时候一定按照该现场的模板和说明制作；遥测或遥信参数整理好后再EXCEL中的文件菜单下单击“另存为”，保存类型选“CSV（逗号分隔符*.csv)”；运行paraimp参数导入界面程序，导入前先“分析参数”，分析完了确认无误再单击“导入参数”。

（5）图形参数关联。点绘图包工具栏上的图形参数关联按钮，在快速关联对话框中选择好要关联的厂站名，设置参数和点参数间可以点击切换；关联完参数之后需要进行连接关系等的检查，能够发现画图和关联时候出现的错误，最后记得保存连接关系。

（6）完善数字量和模拟量点表。

1）设置该点的优先级和忆扰动等标志，其中优先级对应实时报警界面一致。

2）设置所属的责任区。

3）修改报警模式（打印、音响、登录、推图），按照实际情况修改。

4）对应开关类数字量，还需要设置判事故方式，需要遥控的设置控制信息（控制类型、输出RTU，输出点号等）。

（7）增加相应报表。

1）根据现场需要制作报表文件。

2）报表文件制作完成之后记得保存到数据库里面，同时还需要输出 html 的文件，这样在三区的 web 浏览界面才能够看得到报表。

（8）增加相应通道和串行路径，接入厂站。

1）需要设置通道名称、所属的通信服务器，网络通道需要指明服务器端的主备 IP、端口号；如果通信方式是通信服务器，则在端口号处指定属于通信服务器的第几个端口。

2）需要设置通信规约的名称、序号、召唤周期等与规约本身有关的一些属性。其为双通道厂站时需要设置路由的优先级，保证主备通道正常切换。

（9）PAS 相关数据添加以及功能调试。根据现场要求，添加 PAS 相关参数以及对应功能测试。

2. 数据库删除参数指南

在现场调试过程中，经常会遇到需要删除参数的情况，比如删除采集模拟量，删除一个间隔等，由于在 DF8003E 系统中，各个表之间的域相关联，而且存在索引关系，因此在删除参数时应该按照一定的顺序进行操作，否则会出现错误，影响系统正常运行。

若导入数据时出现异常，需要删除原有数据重新导入时，删除参数的具体顺序如下：

删除计算数字量→删除计算模拟量→删除采集数字量→删除量测→删除采集模拟量→删除设备：包括开关和母线等→删除变压器绕组→删除二卷变和三卷变→删除恒定负荷→删除间隔。

若逐条手动录入数据库，添加的顺序与删除顺序相反。

第五节 主站日常巡视

一、日常巡视作业的重要性

在电网运行中，调度自动化是电网调度、变电运行监控的技术基础，是调度员及变电运行人员的眼、手，是保证电网安全稳定运行的关键。而当自动化设备发生故障或缺陷时，系统将无法真实反映电网实时运行工况，造成计算分析结果不准确；严重时，将造成电网事故。

所以，能否及时发现自动化设备在运行过程中出现的故障和缺陷，提高调度自动化设备的运维水平，是保证电网安全稳定运行的重要因素。而由自动化值班人员负责的调度自动化设备巡视作业是及时发现自动化设备异常或缺陷、提高设备运维水平的关键环节。

二、主站日常巡视管理要点

（1）值班巡视的内容和巡视表格按照《调度自动化主站系统运行值班作业指导书》开展。

（2）值班巡视应定期核对自动化系统重要信息，核查自动化系统变位告警是否与一次系统运行情况一致，逐项记录电网事故遥信动作反应情况等事项。

（3）值班巡视周期性要求：自动化关键系统，巡视周期每日 2 次；自动化运行环境及辅助系统，巡视周期每日 1 次；其他自动化系统，巡视周期每周 1 次。

三、日常巡视作业流程

日常巡视作业流程如图 3－19 所示。

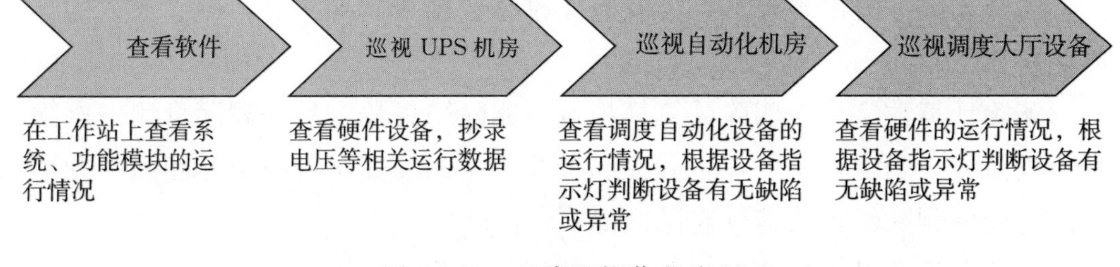

图 3－19　日常巡视作业流程

第六节　电力监控系统安全防护

一、基本概念

网络是指由计算机或者其他信息终端及相关设备组成的按照一定的规则和程序对信息进行收集、存储、传输、交换、处理的系统。

网络安全是指通过采取必要措施，防范对网络的攻击、侵入、干扰、破坏和非法使用以及意外事故，使网络处于稳定可靠运行的状态，以及保障网络数据的完整性、保密性、可用性的能力。

二、《中国南方电网电力监控系统安全防护技术规范》的要点

为提高南方电网电力监控系统安全防护水平，保障电力系统安全稳定运行，根据国家发展和改革委员会颁布的《电力监控系统安全防护规定》（2014 年国家发展和改革委员会第 14 号令）和国家能源局印发的《电力监控系统安全防护总体方案等安全防护方案和评估规范》，结合南方电网的实际情况，制定《中国南方电网电力监控系统安全防护技术规范》（Q/CSG 1204009—2015）。该规范适用于南方电网，与南方电网电力监控系统有关的电网调度机构和厂站运行维护单位（包括发电、输电、变电、供电、用电等单位以及在南方电网区域外接入并接受南方电网相应调度机构调度的发电厂、变电站），以及在南方电网从事电力监控系统安全防护科研、设计、施工、制造的相关单位。

（一）安全防护意义

电力监控系统安全防护主要针对网络系统和基于网络的生产控制系统。安全防护的总体目标是保护电力监控系统及调度数据网络的安全，抵御黑客、病毒、恶意代码等的破坏和攻击，防止电力监控系统的崩溃或瘫痪，以及由此造成的电力系统事故或大面积停电事故。安全防护的基本原则为“安全分区、网络专用、横向隔离、纵向认证”。安全防护的核心能力是“保护、检测、响应、恢复、审计”的闭环机制。

电力监控系统安全防护是一项系统工程，其总体安全防护水平取决于系统中最薄弱点的安全水平。各有关单位安全防护工作应当执行电力监控系统安全防护规定，遵守安全防护基本原则，维护全网统一的安全防护结构和一致的安全策略。

（二）安全防护目标

南方电网电力监控系统安全防护的总体目标是：建立健全南方电网电力监控系统安全防护体系，在统一的安全策略下保护重要系统免受黑客、病

毒、恶意代码等的侵害，特别是能够抵御来自外部有组织的团体、拥有丰富资源的威胁源发起的恶意攻击，能够减轻严重自然灾害造成的损害，并能在系统遭到损害后，迅速恢复主要功能，防止电力监控系统的安全事件引发或导致电力一次系统事故或大面积停电事故，保障南方电网安全稳定运行。南方电网电力监控系统安全防护工作的具体目标如下：

（1）防范病毒、木马等恶意代码的侵害。

（2）保护电力监控系统的可用性和业务连续性。

（3）保护重要信息在存储和传输过程中的机密性、完整性。

（4）实现关键业务接入电力监控系统网络的身份认证，防止非法接入和非授权访问。

（5）实现电力监控系统和调度数据网安全事件可发现、可跟踪、可审计。

（6）实现电力监控系统和调度数据网络的安全管理。

（三）安全防护设计原则

南方电网各级调度控制中心、配电中心（含负荷控制中心）、变电站、各级调度控制中心直调电厂、电力通信机构在进行本单位电力监控系统安全防护方案设计时应遵守以下原则：

（1）系统性原则（木桶原理）。

（2）简单性和可靠性原则。

（3）实时性、连续性与安全性相统一的原则。

（4）需求、风险、代价相平衡的原则。

（5）实用性与先进性相结合的原则。

（6）全面防护、突出重点的原则。

（7）分层分区、强化边界的原则。

（四）安全防护总体策略

南方电网电力监控系统安全防护总体策略是南方电网各级调度控制中心、配电中心（含负荷控制中心）、变电站、各级调度控制中心直调电厂、电力通信机构开展电力监控系统安全防护工作必须遵守的原则。南方电网监控系统安全防护总体策略如下：

1. 安全分区

根据电力监控系统业务的重要性及其对电力一次系统的影响程度进行分区，南方电网电力监控系统分为生产控制大区和管理信息大区，其中生产控制大区分为控制区（又称安全区Ⅰ）和非控制区（又称安全区Ⅱ），生产控制大区是电力监控系统重点防护对象。

南方电网各有关单位包括各级调度控制中心、配电中心（含负荷控制中心）、变电站、各级调度控制中心直调电厂内部基于网络的监控系统，原则上划分为生产控制大区和管理信息大区。

（1）生产控制大区的划分。根据业务系统或其功能模块的实时性、使用者、主要功能、设备使用场所、各业务系统之间的相互关系、调度数据网通信方式以及对电力系统的影响程度等属性，生产控制大区原则上划分为控制区（安全区Ⅰ）和非控制区（安全区Ⅱ）。

1）控制区（安全区Ⅰ）。控制区是电力监控系统各安全区中安全等级最高的分区，是必不可少的分区。该区中的业务系统与电力调度生产直接相关，有对一次系统的在线监视和闭环控制功能，且具有连续性、实时性（毫秒级或秒级，其中负荷控制管理为分钟级）的特点以及高安全性、高可靠性和高可用性的要求。该区使用调度数据网络的实时 VPN 子网或专用通道与异地有关的控制区互联。

控制区的典型系统包括：调度自动化系统（SCADA/EMS），广域相量测量系统（WAMS），自动电压控制系统（AVC），安稳控制系统，在线预决策系统，具有保护定值下发、远方投退功能的保信系统，配电自动化系统，变电站自动化系统，发电厂自动监控系统等；还包括使用专用通道的控制系统，如安全自动控制系统、低频/低压自动减负荷系统、负荷管理系统等。

控制区业务系统的主要使用者为调度员、继电保护运行管理人员和运行操作人员。

2）非控制区（安全区Ⅱ）。非控制区是电力监控系统各安全区中安全等级仅次于控制区的分区。该区的业务系统功能与电力生产直接相关，但不直接参与控制；系统在线运行，与安全区Ⅰ的有关业务系统联系密切。该区使用调度数据网络的非实时 VPN 子网或专用通道与异地有关的非控制区互联。

非控制区的典型系统包括调度员培训模拟系统、不带控制功能的继电保护和故障录波信息管理系统、水调自动化系统、电能量计量系统、电力市场交易技术支持系统、厂站端电能量采集装置、故障录波器和发电厂的报价终端等。

非控制区业务系统的主要使用者分别为调度员、水电调度员、继电保护人员及电力市场交易员等。

3）安全接入区。如果生产控制大区内个别业务系统或其功能模块（或子系统）需要使用公用通信网络（不含因特网）、无线通信网络以及处于非可控状态下的网络设备与终端等进行通信，其安全防护水平低于生产控制大区内其他系统时，应设立安全接入区。在安全接入区内部署公网数据采集服务器进行数据采集，安全接入区与生产控制大区之间部署横向隔离装置，安全接入区与公用通信网络或无线通信网络之间应部署加密认证措施，实现主站端和业务终端之间的身份认证、加密传输、访问控制和安全隔离等防护目的。

涉及安全接入区的典型业务系统或功能模块包括配电网自动化系统的前置采集功能、负荷控制管理模块、某些分布式电源控制系统等。

（2）管理信息大区的划分。根据业务系统或其功能模块的使用者、主要功能、设备使用场所、各业务系统之间的相互关系以及对电力系统的影响程度等属性，管理信息大区原则上分为生产管理区（安全区Ⅲ）和管理信息区（安全区Ⅳ）。

1）生产管理区（安全区Ⅲ）。生产管理区是电力监控系统各安全区中安全等级次于非控制区的分区。该区中的业务系统与电力调度生产管理工作直接相关。该安全区使用企业综合业务数据网与异地有关的生产管理区互联。

生产管理区的典型系统包括电力调度运行管理系统（OMS）、调度信息披露系统、雷电监测系统、生产控制大区系统（如SCADA/EMS、WAMS、电能量计量等）在管理信息大区的发布系统、调度生产管理用户终端等。

生产管理区业务系统的主要使用者为调度员和各专业运行管理人员。

2）管理信息区（安全区Ⅳ）。管理信息区的业务系统主要用于生产管理和办公自动化。该安全区网络是本地办公环境下的局域网，与个人桌面计算机直接相关。该安全区使用企业综合业务数据网与异地的管理信息区互联，并与Internet有互联关系。

管理信息区的典型业务系统包括资产管理系统、营销管理系统、人力资源管理系统、财务管理系统、协同办公系统、综合管理系统、决策支持系统等。

管理信息区业务系统的使用者为上下级管理部门和本单位内部工作人员。

（3）业务系统分置于安全区的原则。根据业务系统或其功能模块的实时性、使用者、主要功能、设备使用场所、各业务系统间的相互关系、广域网通信方式以及对电力系统的影响程序等，按以下规则将业务系统或功能模块置于相应的安全区：

1）实时控制系统、有实时控制功能的业务模块以及未来有实时控制功能的业务系统应当置于控制区。

2）应当尽可能将业务系统完整置于一个安全区内。当业务系统的某些功能模块与此业务系统不属于同一个安全分区内时，可以将其功能模块分置于相应原安全区中，经过安全区之间的安全隔离设施进行通信。

3）不允许把应当属于高安全等级区域的业务系统或其功能模块迁移到低安全等级区域；但允许把属于低安全等级区域的业务系统或其功能模块放置于高安全等级区域。

4）对不存在外部网络联系的孤立业务系统，其安全分区无特殊要求，但需要遵守所在安全区的防护要求。

5）对小型县调、配调、小型电厂和变电站的电力监控系统可以根据具体情况不设非控制区，重点防护控制区。

2. 网络专用

南方电网各级电力调度数据网应当在专用通道上使用独立的网络设备组网，在物理层面上实现与综合业务数据网及外部公共信息网的安全隔离。该网可采用 MPLS－VPN 技术或类似技术划分两个相互逻辑隔离的业务子网，即实时 VPN 和非实时 VPN。实时 VPN 用于控制区业务系统的远程数据通信，非实时 VPN 用于非控制区业务系统的远程数据通信。

3. 横向隔离

南方电网各级运行维护单位的生产控制大区与管理信息大区之间应设置电力专用横向安全隔离装置（或组成隔离阵列）实现物理隔离。生产控制大区和管理信息大区内部的安全区之间应采用防火墙或带有访问控制功能的网络设备实现逻辑隔离。

4. 纵向认证

南方电网各级运行维护单位在生产控制大区与调度数据网的纵向连接处应部署电力专用纵向加密认证网关或加密认证装置，为上下级调度机构或主站与子站端的控制系统之间的调度数据网通信提供双向身份认证、数据加密和访问控制服务。电力监控系统安全防护总体示意如图 3-20 所示。

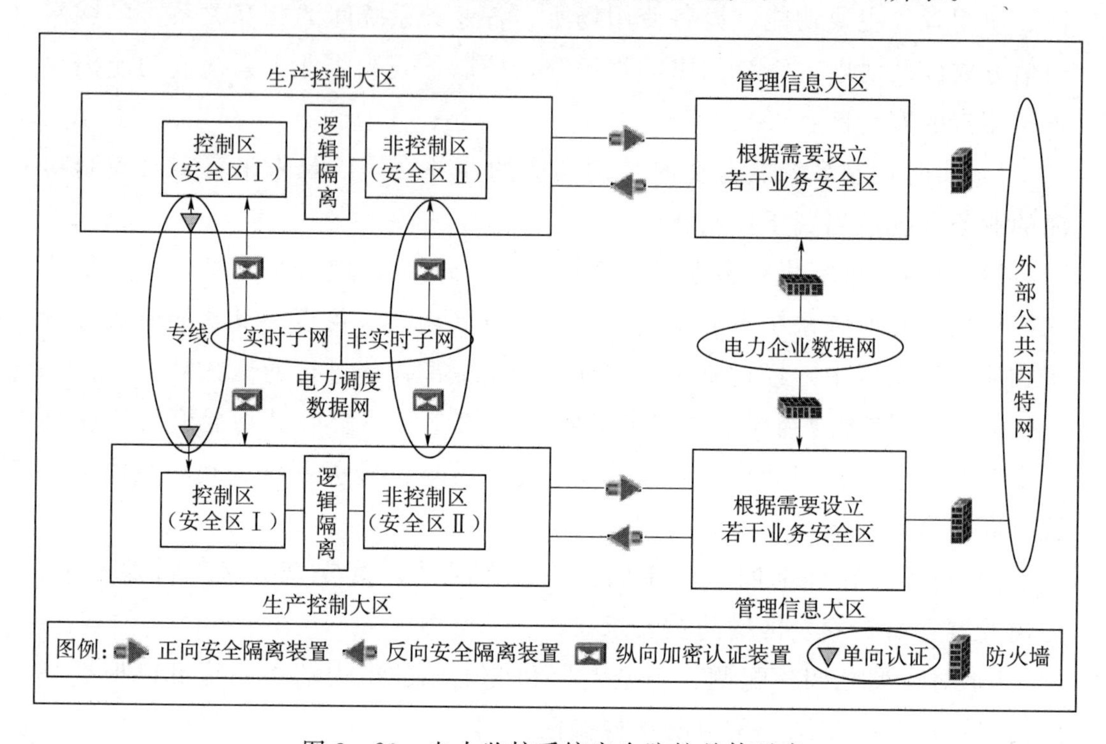

图 3-20 电力监控系统安全防护总体示意

第四章

故 障 处 置

第一节 处 置 流 程

一、现场处置流程

现场处置流程如图 4-1 所示。

二、黑启动故障处理流程

黑启动故障处理流程如图 4-2 所示。

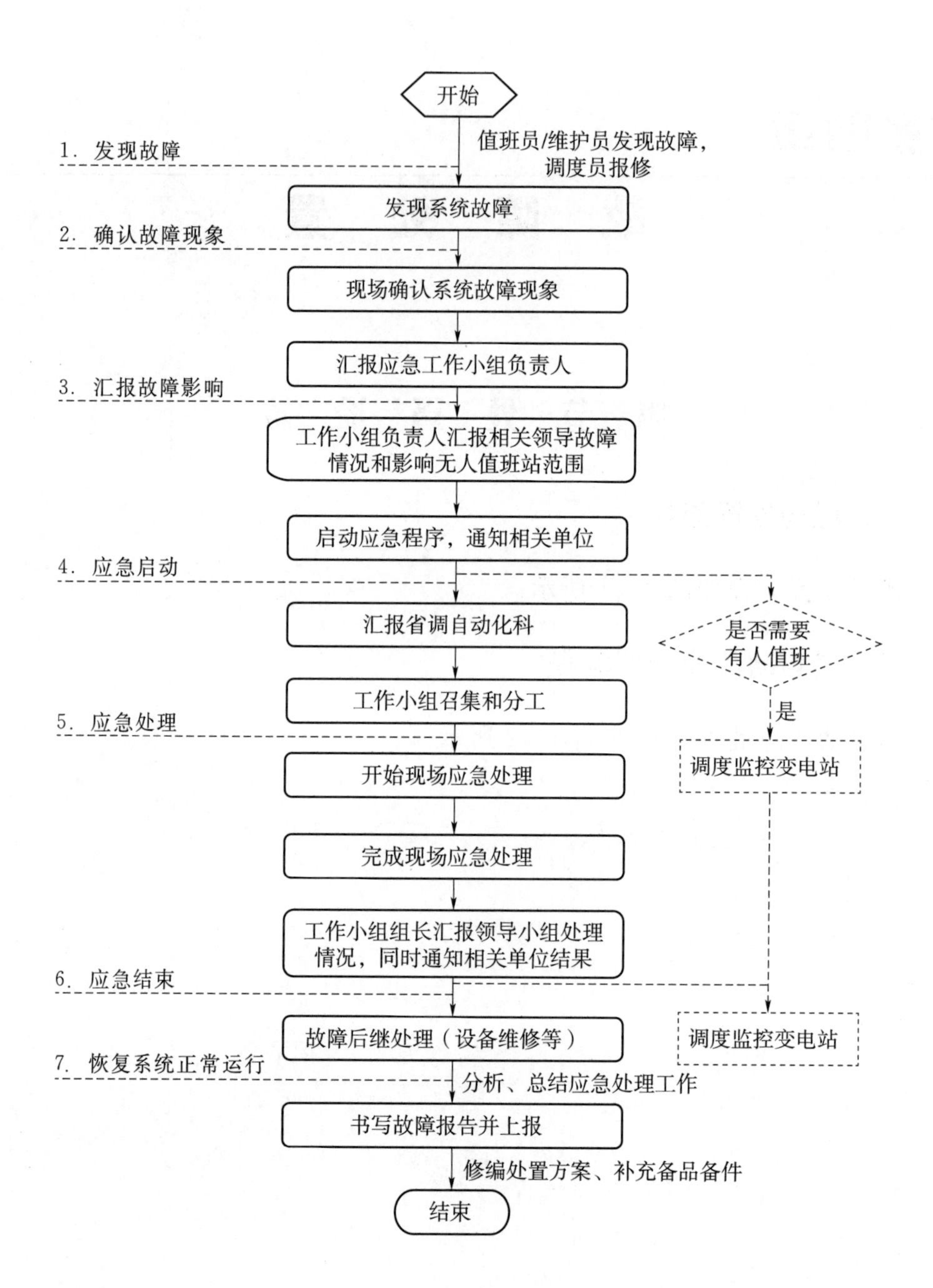
开始
1. 发现故障
值班员/维护员发现故障，
调度员报修
发现系统故障
2. 确认故障现象
现场确认系统故障现象
汇报应急工作小组负责人
3. 汇报故障影响
工作小组负责人汇报相关领导故障
情况和影响无人值班站范围
启动应急程序，通知相关单位
4. 应急启动
汇报省调自动化科
是否需要
有人值班
是
工作小组召集和分工
5. 应急处理
调度监控变电站
开始现场应急处理
完成现场应急处理
工作小组组长汇报领导小组处理
情况，同时通知相关单位结果
6. 应急结束
故障后继处理（设备维修等）
调度监控变电站
7. 恢复系统正常运行
分析、总结应急处理工作
书写故障报告并上报
修编处置方案、补充备品备件
结束

图 4-1 现场处置流程

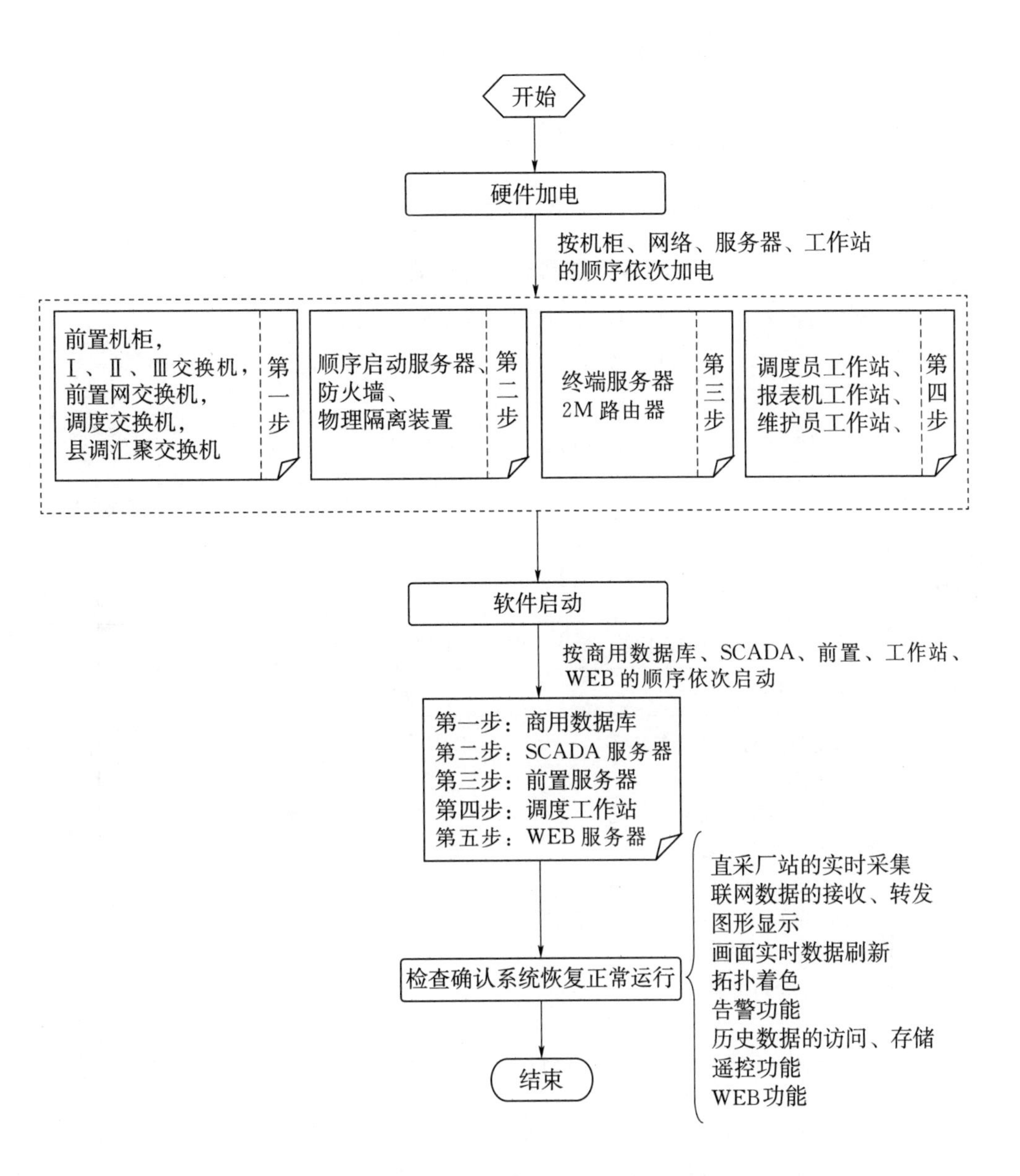

开始
硬件加电
按机柜、网络、服务器、工作站的顺序依次加电
前置机柜，Ⅰ、Ⅱ、Ⅲ交换机，前置网交换机，调度交换机，县调汇聚交换机
第一步
顺序启动服务器、防火墙、物理隔离装置
第二步
终端服务器 2M路由器
第三步
调度员工作站、报表机工作站、维护员工作站、
第四步
软件启动
按商用数据库、SCADA、前置、工作站、WEB的顺序依次启动
第一步：商用数据库
第二步：SCADA服务器
第三步：前置服务器
第四步：调度工作站
第五步：WEB服务器
检查确认系统恢复正常运行
直采厂站的实时采集
联网数据的接收、转发
图形显示
画面实时数据刷新
拓扑着色
告警功能
历史数据的访问、存储
遥控功能
WEB功能
结束

图 4-2　故障处理流程

第二节　现 场 处 置 方 案

一、OCS 系统黑启动现场处置方案

OCS 系统黑启动现场处置方案见表 4－1。

表 4－1　　　　OCS 系统黑启动现场处置方案

<table>
<tr><td colspan="2">处置方案名称</td><td colspan="3">OCS 系统黑启动现场处置方案</td></tr>
<tr><td colspan="2">处置方案目的</td><td colspan="3">在系统崩溃的情况下恢复 OCS 系统全部主要功能</td></tr>
<tr><td colspan="2">方案启动条件</td><td colspan="3">自动化机房市电及 UPS 供电全停后恢复供电或系统全面性停运后的快速启动</td></tr>
<tr><td colspan="2">方案执行实施日期</td><td></td><td>预案响应级别</td><td>三级事件</td></tr>
<tr><td>方案执行步骤序号</td><td colspan="3">工　作　内　容</td><td>时间（分）</td></tr>
<tr><td>1</td><td colspan="3">确认 UPS 供电恢复正常，机房电源供电正常</td><td></td></tr>
<tr><td>2</td><td colspan="3">恢复机房照明</td><td></td></tr>
<tr><td>3</td><td colspan="3">恢复机房网络等设备：
（1）交换机；
（2）网络安全设备（一区、二区防火墙，三区 web 防火墙，三区 web 隔离网关，县调汇聚防火墙）；
（3）前置通道机箱、终端服务器；
（4）隔离设备（正向、反向隔离设备）；
（5）GPS 设备；
（6）2M 路由器</td><td></td></tr>
<tr><td>4</td><td colspan="3">磁盘阵列启动（二区和三区分别有个磁盘阵列）：
（1）连接 DAE 扩展柜的电源线；
（2）连接磁盘处理器存储模块的电源线；
（3）连接控制站的电源线；
（4）连接刀片存储模块的电源线</td><td></td></tr>
<tr><td>5</td><td colspan="3">启动二区数据库服务器和数据库：
（1）启动数据库服务；
（2）查看双机软件是否正常；
（3）启动之后使用 ems 用户在终端下输入 dbusql，如果出现“sql>”号则表明数据库启动正常；
（4）服务器启动正常后，使用命令检查时区及时间，ntpq－p（查询延迟时间）date－R（查询时区及时间）</td><td></td></tr>
</table>

续表

方案执行步骤序号	工　作　内　容	时间/min
6	启动服务器及平台服务：启动服务器操作系统，进入操作系统后启动 E8000 平台：在终端输入 dfems start，等待 8003 平台启动完成即可。平台的启动顺序为：scada 服务器——前置服务器——应用服务器。 检查系统功能是否正常（包括系统进程，前置数据接收，SCADA 数据处理）	
7	开机启动 OCS 系统调度员工作站操作系统； 开机启动 OCS 系统监控员工作站操作系统； 开机启动 EMS 维护工作站操作系统； 开机启动 EMS 应用工作站操作系统	
8	启动调度员界面，观察运行状态，通知调度员系统恢复正常，请调度员检查确认系统数据情况； 启动监控界面，观察运行状态，通知监控人员系统恢复正常，请监控人员检查确认系统数据情况	
9	检查前置 tase.2 以及 104 转发数据，确认与省调通信正常	
10	启动三区数据库服务器和数据库 （1）启动数据库服务器； （2）启动之后在终端下输入 dbusql，如果出现“sql＞”号则表明数据库启动正常； （3）服务器启动正常后，使用命令检查时区及时间，ntpq - p（查询延迟时间）date - R（查询时区及时间）	
11	启动三区服务器操作系统，进入操作系统后启动 E8000 平台：在终端输入 dfems start，等待 8003 平台启动完成即可	
12	启动访问 web 服务，在终端输入/usr/local/apache/bin/apctl start 启动即可	
13	检查系统功能： （1）人机界面：抽查部分厂站图画面、总供电负荷表、安全电流等画面，确认图形显示正常、画面上的实时数据正常刷新、拓扑着色功能正常等； （2）告警功能：观察告警窗、有关厂站图画面，必要时模拟遥测数值、遥信变位，确认告警功能正常； （3）数据存储：查看总供电负荷的今日曲线、今日报警事件，确认历史数据的访问、存储正常	

二、配网自动化系统黑启动现场处置方案

配网自动化系统黑启动现场处置方案见表 4 - 2。

表 4－2　　配网自动化系统黑启动现场处置方案

<table>
<tr><td colspan="2">处置方案名称</td><td colspan="3">配网自动化系统黑启动现场处置方案</td></tr>
<tr><td colspan="2">处置方案目的</td><td colspan="3">在系统崩溃的情况下快速恢复 DMIS 系统全部主要功能</td></tr>
<tr><td colspan="2">方案启动条件</td><td colspan="3">自动化机房市电及 UPS 供电全停后恢复供电或系统全面性停运后的快速启动</td></tr>
<tr><td colspan="2">方案执行实施日期</td><td></td><td>预案响应级别</td><td>三级事件</td></tr>
<tr><td>方案执行步骤序号</td><td colspan="3">工　作　内　容</td><td>时间/min</td></tr>
<tr><td>1</td><td colspan="3">确认 UPS 供电恢复正常，机房电源供电正常</td><td></td></tr>
<tr><td>2</td><td colspan="3">恢复机房照明</td><td></td></tr>
<tr><td>3</td><td colspan="3">硬件加电：
（1）机柜部分：服务器机柜、前置机柜及网络机柜依次加电；
（2）网络部分：主干网交换机、前置交换机、WEB 交换机、联网防火墙；
（3）WEB 防火墙、协议转换器、串口服务器以及物理隔离装置依次加电；
（4）服务器：按磁盘阵列、历史服务器、FES 前置、报表、PAS、DTS、WEB、公网服务器、备份服务器，服务器的顺序对服务器依次加电，必须确保主网交换机和磁盘阵列先于历史服务器加电，在主网交换机启动正常和磁盘阵列启动完成，后再启动历史服务器；其次确保所有服务器的操作系统启动正常；
（5）工作站：按调度员、维护员的顺序依次对各个工作站加电，确保所有工作站操作系统启动正常；
注意事项一：如果磁盘阵列或历史服务器有故障无法正常启动，可以跳过这两步先启动其他服务器和工作站。
注意事项二：在时间紧急的情况下，有关报表、PAS、DTS、WEB 服务器和工作站可以在其他服务器、工作站恢复正常后再进行加电和软件启动</td><td></td></tr>
<tr><td>4</td><td colspan="3">（1）软件部分启动：检查商用数据库（ORACLE）。
在历史服务器上以 oracle 用户登录，在确保操作系统启动完成超过 3 分钟后，检查本机的 ORACLE 数据库实例：
yxhis1－1>crs_stat － t － v ↵
（2）启动前置服务器：在前置服务器上以 ems 用户登录，启动 OPEN3200 应用。
yxfes1－1>sam_ctl start down ↵(如果历史服务器未正常启动，则使用 sam_ctl start sync 的操作命令)
（3）启动 SCADA 服务器（方法同前置服务器）。
（4）启动报表服务器（方法同前置服务器）。
（5）启动工作站：调度、维护工作站设置了应用自启动，只需要以 ems 用户登录即可。
维护工作站在以 ems 用户登录后，用 sam_ctl start fast 的操作命令启动 OPEN3200 应用。
（6）启动 WEB 服务器：启动 WEB 服务器的 ORACLE 实例：</td><td></td></tr>
</table>

续表

方案执行步骤序号	工　作　内　容	时间/min
4	yxweb1－1＞su ↵ yxweb1－1＃su-oracle ↵ yxweb1－1＞./start.sh ↵ 启动 OPEN3200 应用 Yxweb1－1＞sam_ctl start down ↵(如果第一次下装不成功，再重新下装一次即可)	
5	检查确认系统恢复正常运行： (1) 前置采集：查看所有直采厂站的通道状态，并抽查部分厂站的规约报文、实时数据，确认直采终端的实时采集正常。 联网转发：查看主网联网状态，并抽查每个主网转发厂站的实时数据，确认转发数据的发送和接收正常。 (2) 人机界面：抽查部分厂站图画面、线路单线图等画面，确认图形显示正常、画面上的实时数据正常刷新、拓扑着色功能正常等。 (3) 告警功能：观察告警窗、有关厂站图画面，必要时在前置机上模拟遥测数值、遥信变位，确认告警功能正常。 (4) 数据存储：查看负荷的今日曲线、今日报警事件，确认历史数据的访问、存储正常。 (5) 遥控功能：联系调度员抽查某一设备的遥控操作，确认遥控功能正常。 (6) WEB 功能：调用 WEB 主目录，确认能正常访问 WEB，并确认图形显示、报表显示、实时数据刷新等 WEB 功能正常	

三、UPS 系统故障现场处置方案

(1) 市电中断供电故障现场处置方案见表 4－3。

表 4－3　　　　市电中断供电故障现场处置方案

序号	工　作　内　容	时间/min
1	检查机房交流输入是否正常：UPS 输入回路开关（L4/N4）在合位，但表计指示无电压，配电柜 ATS 设备告警	
2	通知组长、UPS 系统主管负责人	
3	通知配网调度值班员，要求配电室管理部门立即检查配电设备和回路开关运行状态并紧急故障抢修	
4	现场专人监视 UPS 运行状态，定时检查 UPS 蓄电池组后备时间，当 UPS 系统显示蓄电池组后备时间小于 1 小时或整体电压下降速度过快、蓄电池下降到 375V 时，根据机房自动化系统运行情况，将部分非重要系统设备退出运行状态，按照减载方案减少 UPS 的负载设备	

续表

序号	工　作　内　容	时间/min
5	在交流中断后，UPS系统又有一台UPS设备故障，这时UPS系统运行在单机状态的情况下，UPS蓄电池组为单组支持，UPS后备时间减少一半。根据机房自动化系统运行情况，按照减载方案将部分非重要系统设备退出运行状态，减少UPS的负载设备	
6	交流恢复供电后：检查配电屏表计指示有电压，UPS输入回路开关（L4/N4）在合位	
7	检查UPS运行状态： （1）交流输入电压正常； （2）交流输出采用整流、逆变输出正常； （3）对蓄电池充电正常	

（2）UPS设备停机故障现场处置方案见表4-4。

表4-4　　UPS设备停机故障现场处置方案

序号	工　作　内　容	时间/min
1	分组进行检查设备运行状况	
2	检查UPS运行状况，确认ups是否能尽快恢复供电	
3	可以尽快恢复供电，按黑启动步骤尽快处理	
4	不能尽快供电处理步骤（分小组进行检查，同时开展下列工作）： （1）检查历史服务器的电源是否正常，若不正常，执行5）； （2）在3号机柜附近地板下找到UPS供电插座； （3）将机柜中的通道设备加电运行； （4）将A网交换机接入该插座，并加电启动设备； （5）将前置服务器接入该插座，开机启动服务器，启动nsp进程； （6）将调度员工作站接入19楼UPS电源，开机启动工作站，启动nsp进程； （7）检查系统按最小方式运行状况	
5	19楼UPS供电也不正常的处理步骤（分小组进行检查，同时开展下列工作）： （1）检查墙壁插座电压正常由机房历史服务器室墙壁接插座电源； （2）将历史服务器接入插座电源，开机启动服务器，启动数据库，启动nsp进程； （3）由前置室墙壁接插座电源； （4）将机柜中的网络设备、通道设备加电运行； （5）将前置服务器接入插座，开机启动服务器，启动nsp进程； （6）将调度员工作站接入市电电源，开机启动工作站，启动nsp进程； （7）将运方工作接入墙壁电源，开机启动工作站，启动nsp进程；检查dftase2运行状态	

续表

序号	工　作　内　容	时间/min
6	检查系统功能： （1）人机界面：抽查部分厂站图画面、总供电负荷表、安全电流等画面，确认图形显示正常、画面上的实时数据正常刷新、拓扑着色功能正常等； （2）告警功能：观察告警窗、有关厂站图画面，必要时在前置机上模拟遥测数值、遥信变位，确认告警功能正常。 数据存储：查看总供电负荷的今日曲线、今日报警事件，确认历史数据的访问、存储正常	
7	检查故障及恢复系统工作的同时，安排人员联系厂家维修电源	

（3）UPS逆变器故障现场处置方案见表4-5。

表4-5　　　　UPS逆变器故障现场处置方案

序号	工　作　内　容	时间/min
1	检查UPS运行情况	
2	检查UPS是否在静态旁路供电状态	
3	检查UPS输出电源是否正常	
4	安排人员24小时值班，随时关注电源运行情况	
5	通知厂家维修电源	

（4）UPS温度越限故障现场处置方案见表4-6。

表4-6　　　　UPS温度越限故障现场处置方案

序号	工　作　内　容	时间/min
1	UPS蜂鸣器报警，UPS显示板报温度过限	
2	检查UPS散热风扇故障	
3	测量UPS机房温度及检查空调	
4	停运风扇故障的UPS，通知厂家维修	
5	通知空调厂家维修空调	

（5）负载在静态旁路现场处置方案见表4-7。

表 4-7　负载在静态旁路现场处置方案

序号	工　作　内　容	时间/min
1	检查 UPS 运行情况	
2	检查蓄电池开关状态、蓄电池组电压若正常	
3	检查两台 UPS 逆变器各模块是否正常	
4	重新启动 UPS 的逆变器，这时 UPS 的旁路自动断开，负载进入 UPS 保护状态	
5	退出故障 UPS，合上检修旁路开关，通知厂家检修	

四、单台数据库服务器故障现场处置方案

（1）OCS 系统单台数据库服务器网络故障现场处置方案见表 4-8。

表 4-8　OCS 系统单台数据库服务器网络故障现场处置方案

序号	工　作　内　容	备注
1	用 dbusql 看是否能连接上数据库	
2	用 ifconfig-a 检查网卡状态	
3	Ping 本机地址（查看主机地址 cat/etc/hosts）	
4	Ping 二区其他机器地址	
5	用 ssh 连接二区其他机器看能否正常连接	
6	更换对应的交换机上的端口	
7	安排人员 24 小时值班	
8	联系厂家进行维修	

（2）配网自动化系统单台数据库服务器网络故障现场处置方案见表 4-9。

表 4-9　配网自动化系统单台数据库服务器网络故障现场处置方案

序号	工　作　内　容	备注
1	用 sys_adm 查看主机状态	
2	列表中是否有 yxsca1-1	
3	用 ifconfig-a 检查网卡状态	
4	Ping 本机地址	
5	Ping 其他机地址	
6	更换对应的交换机上的端口	

续表

序号	工　作　内　容	备注
7	安排人员24小时值班	
8	联系厂家进行维修	

(3) OCS/配网自动化系统单台数据库服务器硬件故障现场处置方案见表4－10。

表4－10　　OCS/配网自动化系统单台数据库服务器硬件故障

序号	工　作　内　容	备注
1	检查服务器运行状态是否正常	
2	重启服务器	
3	用fsck － y进行磁盘修复	
4	安排人员24小时值班	
5	联系厂家进行处理	

五、前置服务器故障现场处置方案

(1) 前置服务器OCS系统故障现场处置方案见表4－11和表4－12。

1) 若前置服务器其中之一故障，前置功能仍满足检修状态下的N—1模式。需检查正常运行的前置服务器工作状态，尽快处理故障服务器的缺陷。

表4－11　　前置服务器OCS系统故障现场处置方案

序号	工　作　内　容	备注
1	检查目前前置服务器工作状态，指示灯运行状态。判断故障设备的故障点属于硬件故障还是软件故障	
2	硬件故障及时联系厂家进行维修，联想服务器售后电话：4001068888	
3	软件故障，需进一步检查相关进程： (1) 执行qtpcsmon，进入进程管理，选中所需节点，查看com_server、scn_slmd、code_save进行是否正常启动； (2) 在终端输入dfems stop，等待完成后输入dfems start，重启平台； (3) 返回1) 项，检查进程是否正常； (4) 使用pasSeek查看前置主节点； (5) 服务器启动正常后，使用命令检查时区及时间，ntpq－p（查询延迟时间）date－R（查询时区及时间）； (6) 执行qtcomgui，检查确认前置采集功能正常运行。查看所有直采终端的通道状态，确认直采厂站的实时采集正常	

2）若转发服务器其中之一故障，经省级调度数据网的服务器仅剩单机运行，不满足检修状态的 $N-1$ 要求。需将业务转移至前置服务器其中之一后，尽快处理故障服务器缺陷。

表 4－12　转发服务器之一故障后，前置服务器 OCS 系统故障现场处置方案

序号	工作内容	备注
1	检查目前正常运行的前置服务器工作状态，确保系统功能的正常运行	
2	断开故障服务器的网线	
3	将故障主机使用的调度数据网地址配置到 fert 服务器中的一台上： （1）更改 eth2 地址（原为 2M 地址），即修改/etc/sysconfig/network_scripts/ifcfg_eth2 文件，并将对应网线接至调度数据网交换机； （2）在 g3_dbui 数据库—前置系统—前置服务器中将 z1fert＊c 网 IP 地址更改为调度数据网地址； （3）用 ping 命令检测网络是否正常； （4）执行 qtpcsmon，进入进程管理，选中对应节点，查看 com_server、scn_slmd、code_save 进行是否正常启动； （5）服务器启动正常后，使用命令检查时区及时间，ntpq－p（查询延迟时间）date－R（查询时区及时间）； （6）执行 qtcomgui，观察转发省调链路、报文收发是否正常； （7）检查在该机运行通道的数据是否正常处理，查看遥测遥信是否刷新	

（2）前置服务器配网自动化系统故障现场处置方案见表 4－13。

表 4－13　前置服务器配网自动化系统故障现场处置方案

序号	工作内容	备注
1	检查目前正常运行的前置服务器工作状态，确保系统功能的正常运行	
2	断开故障服务器的网线	
3	检查 PAS 服务器的前置程序与原来的前置程序一致：用 ls － lrt 查看前置程序的日期和大小	
4	处理方案一：将正常运行的 PAS 服务器配置为前置服务器（此方案针对系统没有网卡的备品）。 （1）将两台前置服务器的所有网线断开； （2）停下 PAS 服务器； （3）yxpas1－1>sam_ctl stop ↵； （4）yxpas1－1>su ↵； （5）yxpas1－1＃shutdown－h now ↵； （6）备份 PAS 服务器相关配置文件； （7）停下 PAS 服务器； （8）将 1 号前置服务器的相关配置文件备份拷贝到 PAS 服务器上；	

续表

序号	工 作 内 容	备注
4	（9）将原1号前置服务器的网线（前置1号、2号、3号、4号）接入PAS服务器； 重启PAS服务器，启动后观察机器名是否已修改为“yxfes1－1”； （10）修改有关PAS应用配置，在数据库dbi中修改“PUBLIC”应用“系统管理类”的“系统应用分布信息表”：将原运行在yxpas1－1上的有关应用节点名修改为“yxfes1－1”，包括：SCADA的故反演态、PAS_MODEL的实时态、PAS_RTNET的实时态、PAS_DPF的实时态、PAS_LF的实时态等； 启动OPEN3200应用，观察前置采集和PAS应用是否启动正常。 yxfes1－1＞sam_ctl start down ↵； 服务器启动正常后，使用命令date－R（查询时区及时间）。 处理方案二：将正常运行的SCADA服务器配置为前置服务器（此方案针对系统有四块网卡的备品，且已分别安装在两台SCADA服务器上，但未配置）。 （1）将两台前置服务器的所有网线断开； （2）2号SCADA服务器配置为2号前置服务器，过程如下： 1）将SCADA应用、DB_SERVICE应用的主机切换为1号SCADA服务器（如果已是应用主机，就不需要做此操作）；PUBLICE应用的主机切换为PAS服务器（同前所述）； 2）将2号前置服务器的相关配置文件备份拷贝到2号SCADA服务器上； 3）将原2号前置服务器的网线接入2号SCADA服务器； 4）重启2号SCADA服务器，启动后观察机器名是否已修改为“yxfes2－1”。 启动OPEN3200应用，观察前置采集（主机）、SCADA应用（备机）及DB_SERVICES应用（备机）是否启动正常； （3）1号SCADA服务器配置为1号前置服务器，过程如下： 1）将SCADA应用、DB_SERVICE应用的主机切换为yxfes2－1（“原2号SCADA服务器”）。将1号前置服务器的相关配置文件备份拷贝到1号SCADA服务器上； 2）将原1号前置服务器的网线（前置1号、2号、3号、4号）接入1号SCADA服务器； 3）重启scadasrv1－1服务器，启动后观察机器名是否已修改为“fessrv1－1”； 4）服务器启动正常后，使用命令检查时区及时间，ntpq－p（查询延迟时间）date－R（查询时区及时间）； 5）启动OPEN3200应用，观察前置采集（备机）、SCADA应用（备机）及DB_SERVICES应用（备机）是否启动正常	
5	检查确认前置采集功能正常运行； 查看所有直采终端的通道状态，并抽查部分厂站的规约报文、实时数据，确认直采厂站的实时采集正常； 查看转发厂站的联网状态，并抽查每个厂站的实时数据，确认联网数据的发送和接收正常	

六、SCADA 服务器故障现场处置方案

（1）SCADA 现状：SCADA 服务器配置了 4 台，若其中之一故障，SCADA 功能仍满足 1＋n 模式。需检查正常运行的 SCADA 服务器工作状态，尽快处理故障服务器的缺陷。

SCADA 服务器 OCS 系统故障现场处置方案见表 4－14。

表 4－14　SCADA 服务器 OCS 系统故障现场处置方案

序号	工 作 内 容	备注
1	检查 SCADA 服务器工作状态，指示灯运行状态。判断故障设备的故障点属于硬件故障还是软件故障	
2	检查目前正常运行的 SCADA 服务器工作状态，确保系统功能的正常运行	
3	硬件故障及时联系厂家进行维修，联想服务器售后电话：4001068888	
4	（1）执行 qtpcsmon，进入进程管理，选中对应节点，查看 scada_server，ctrl_server 等进程是否正常启动； （2）若异常，在终端输入 dfems stop，等待完成后输入 dfems start，重启平台； （3）使用 pasSeek 查看前置主节点； （4）服务器启动正常后，使用命令检查时区及时间，ntpq－p（查询延迟时间）date－R（查询时区及时间）； （5）检查系统功能： 1）数据存储：查看总供电负荷的今日曲线、今日报警事件，确认历史数据的访问、存储正常； 2）人机界面：抽查部分厂站图画面、总供电负荷表、安全电流等画面，确认图形显示正常、画面上的实时数据正常刷新、拓扑着色功能正常等； 3）告警功能：观察告警窗、有关厂站图画面，必要时在前置机上模拟遥测数值、遥信变位，确认告警功能正常	

（2）若 SCADA 服务器多机故障，需将 SCADA 服务器配置在其余节点机运行（表 4－15）。

表 4－15　SCADA 服务器多机故障时故障处理方案

序号	工 作 内 容	备注
1	检查 SCADA 服务器工作状态，指示灯运行状态。判断故障设备的故障点属于硬件故障还是软件故障	
2	检查目前正常运行的 SCADA 服务器工作状态，确保系统功能的正常运行	

续表

序号	工　作　内　容	备注
3	硬件故障及时联系厂家进行维修，联想服务器售后电话：4001068888	
4	将故障SCADA服务器配置到前置服务器节点上： 将故障SCADA服务器配置到前置服务器上： （1）进入到前置服务器上的/df8003/cfg目录下； （2）在终端下使用vi打开ECSNodeType（注意大小写），将里面的COM修改为DAC； （3）在终端下执行mv proc. cnf proc. cnf - bak； （4）再执行mv proc. cnf - daccom proc. cnf； （5）在/df8003/map目录下，执行mv PMS_Db PMS_Db - bak； （6）在终端输入dfems stop，等待完成后输入dfems start，重启zlscada1的平台； （7）执行qtpcsmon，进入进程管理，选中zlfert1节点，查看scada_server，ctrl_server等进程是否正常启动； （8）服务器启动正常后，使用命令检查时区及时间，ntpq - p（查询延迟时间）date - R（查询时区及时间）； （9）检查系统功能： 1）数据存储：查看总供电负荷的今日曲线、今日报警事件，确认历史数据的访问、存储正常； 2）人机界面：抽查部分厂站图画面、总供电负荷表、安全电流等画面，确认图形显示正常、画面上的实时数据正常刷新、拓扑着色功能正常等； 3）告警功能：观察告警窗、有关厂站图画面，必要时在前置机上模拟遥测数值、遥信变位，确认告警功能正常	

（3）SCADA服务器配网自动化系统故障现场处置方案见表4-16。

表4-16　　SCADA服务器配网自动化系统故障现场处置方案

序号	工　作　内　容	备注
1	检查目前正常运行的SCADA服务器工作状态，确保系统功能的正常运行	
2	断开故障服务器的网线	
3	检查yxfes1 - 1的SCADA程序与原来的SCADA服务器程序一致：用ls - lrt查看前置程序的日期和大小	
4	修改有关DB_SERVICE应用配置：在数据库dbi中修改“PUBLIC”应用“系统管理类”的“系统应用分布信息表”，DB_SERVICE应用的节点3设为“yxfes1 - 1”、节点4修改为“yxfes2 - 1”； 将SCADA应用、FES应用的主机切换为1号前置服务器（如果已是应用主机，就不需要做此操作）； 停下2号前置服务器的OPEN3200应用（sam_ctl stop）； 启动2号前置服务器的OPEN3200应用（sam_ctl start sync）； 将SCADA应用、FES应用的主机切换为2号前置服务器； 停下1号前置服务器的OPEN3200应用； 启动2号前置服务器的OPEN3200应用（sam_ctl start down）。	

续表

序号	工 作 内 容	备注
4	服务器启动正常后，使用命令检查时区及时间，ntpq - p（查询延迟时间）date - R（查询时区及时间）。 注意事项：有关服务器在此期间，必须重启时，使用 sam_ctl start sync 的命令启动 OPEN3200 应用。 现场已将 fes 服务器做 scada 服务器的冷备，只需检查 yxfes1 - 1 的 SCADA 程序与原来的 SCADA 服务器程序一致：用 ls - lrt 查看前置程序的日期和大小	
5	若要配置在其他机上，检查相应的程序，对应相应的名称即可。 检查确认 DB_SERVICE 应用功能恢复正常。 调用总供电负荷总加的今日曲线，查看确认从恢复到现在的历史数据存储正常。 调用总供电负荷总加的历史曲线、报警事件，查看确认设备故障期间缓存的历史数据文件正常导入历史数据库	

七、历史数据存储设备故障现场处置方案

（1）OCS 系统。数据存储配置在历史数据库服务器上，接在安全区Ⅱ，该预案在数据库故障时生效。故障现场处置方案见表 4 - 17。

表 4 - 17　　历史数据库服务器 OCS 系统故障现场处置方案

序号	工 作 内 容	备注
1	检查 SCADA 进程是否正常运行	
2	在数据存储设备故障期间，系统历史数据会暂时存放在 SCADA 服务器主机的/df8003/map/目录下以 H 加时标开头的问题	
3	关注/df8003 的使用率，不能超过 90%	
4	联系厂家维修历史存储设备	
5	历史存储设备运行正常后，使用 dbusql 能连接上数据库，会自动修复数据	
6	在历史存储设备故障期间，不能重启机器，会导致数据丢失，系统无法正常运转	
7	打开终端切换到 root 用户。输入 crm_mon - i2 查看是否正常启动，其中 node+主机名后面是 online 代表正常，offline 代表该主机没有启动 corosync 或者心跳线断开。资源名后面显示 started ＋主机名表示资源在该主机上运行，显示 stop 表示该资源没有启动。如果这两台机器有没有启动双机软件的，输入 service corosync start 启动双机软件。 服务器启动正常后，使用命令检查时区及时间，ntpq - p（查询延迟时间）date - R（查询时区及时间）	注意事项
8	故障超过 24 小时未处理好并有可能出现重要功能失灵、系统停运等情况时，将故障情况汇报领导小组	

续表

序号	工　作　内　容	备注
9	使用阵列管理服务器，检查确定存储的故障点	
10	联系磁盘阵列厂家，确定处理方案，进行恢复处理	

（2）配网自动化系统。历史数据服务配置在历史数据库服务器上，该预案在数据库故障时生效。系统故障现场处置方案见表4－18。

表4－18　历史数据库服务器配网自动化系统故障现场处置方案

序号	工　作　内　容	备注
1	检查SCADA进程是否正常运行	
2	在数据存储设备故障期间，系统历史数据会暂时存放在SCADA应用主机的/users/ems/open2000e/var/db_rep目录下，要注意观察SCADA服务器的/users文件系统的使用率不要超过85%（在系统管理工具sys_adm或使用df命令查看）	
3	若SCADA应用主机/users文件系统的使用率超过85%，利用系统管理工具或app_swtich命令切换DB_SERVICE应用的备机转为主机。 yxhis1－1>app_switch yxhis2－1 3276800 3 ↵（假设yxhis1－1为DB_SERVICE应用主机）	
4	联系厂家维修历史存储设备	
5	注意事项：有关服务器在历史存储设备故障期间，必须重启时，使用sam_ctl start sync的命令启动OPEN3200应用。利用search_file检查/users/ems/open2000e/var/db_rep是否有文件存在	
6	故障超过24小时未处理好并有可能出现重要功能失灵、系统停运等情况时，将故障情况汇报领导小组	
7	检查确定机器的故障点，电源、风扇、主板（需要把旧板子的RPROM芯片挪过来）、CPU板、内存、显示卡、网卡	
8	显示卡、网卡、故障比较明显，直接更换同型号的部件即可，部件备用机里有	
9	电源、风扇、这些设备出问题，通过面板报警指示灯或者其设备上的状态指示等可以看到，也可以在系统的/var/adm/messages文件查看，因这两种设备是冗余的，坏一个不影响系统运行，但是在系统里发现报错后要及时更换故障件	
10	主板（需要把旧板子的RPROM芯片挪过来）、CPU板、内存，这些部件出问题，直接导致系统不能启动，机器无显示，需要在机器的COM1口连接串口线，检测机器启动期间报错信息，确定后直接更换即可	

八、所有厂站通道退出现场处置方案

所有厂站通道退出现场处置方案见表 4-19。

表 4-19　　所有厂站通道退出现场处置方案

序号	工　作　内　容	备注
1	Ping 在该网络运行的机器，若网络故障，按网络处置方案开展	
2	使用 pasSeek 查看前置主节点	
3	在主节点机执行 qtpcsmon，进入进程管理，选中所需节点，停用 com_server 进程	
4	使用 pasSeek 查看前置主节点，是否已切至其余主节点机	
5	在进行上述工作的同时迅速联系厂家进行远程诊断，根据查看现象确定故障原因	
6	参考厂家意见确定解决方案	
7	执行厂家确定的解决方案	

九、成组通道退出现场处置方案

（1）可能的故障原因：2M 接入端口故障；调度数据网接入异常；终端服务器故障；终端服务器与前置交换机连接中断；规约进程异常。

（2）故障诊断方法见表 4-20。

表 4-20　　成组通道退出故障诊断方法

序号	工　作　内　容	备注
1	检查所退出的成组通道之间的关系，如均接在同一终端服务器，或均接在 2M 同一端口，或均使用同一种通信规约等	
2	确认成组通道的规律后，针对同一类型的通道进行检查	
3	若是传输链路相同通道退出，登录 g3_dbui 数据库—前置系统—通信服务器中根据对应的 IP 地址，检查该设备网络是否正常	
4	若是串口通道故障，检查退出厂站所关联终端服务器状态： （1）检查退出厂站所关联终端服务器与交换机连接状态（ping 地址）； （2）终端服务器不正常，重启终端服务器，若不正常，更换终端服务器； （3）若终端服务器网络正常，采用自环的方式进行检测，判断故障点	
5	若是 2M 通道故障，检查登录 2M 路由器进行检查： （1）登录 2M 路由器； （2）dis cu 查看相关配置，2M 链路目前使用两个 CPOS 口与通信网络对接； （3）ping 站端地址，检测网络链路是否正常； （4）网络链路不正常的话，联系通信专业人员进行故障排查； （5）链路正常，应排查前置进程规约问题	

续表

序号	工　作　内　容	备注
6	若是调度数据网通道中断故障，按以下步骤排查： (1) ping 站端地址，检测网络链路是否正常； (2) 网络链路不正常的话，联系通信专业人员进行故障排查； 链路正常，应排查前置进程规约问题	
7	检查异常厂站通道的主机，qtpcsmon，进入进程管理，选中所需节点，停用 com_server、Scn_slmd 进程，再启用	
8	若还不能排除故障，迅速联系厂家进行远程诊断，尽快确定故障原因，参考厂家意见确定解决方案。执行厂家确定的解决方案	

十、服务器磁盘损坏现场处置方案

(1) 磁盘损坏可能产生如下现象：

1) 工作站界面不响应或者响应慢；

2) 服务启动异常或操作失效。

(2) 磁盘损坏故障诊断方法见表 4-21。

表 4-21　服务器磁盘损坏故障诊断方法

序号	工　作　内　容	备注
1	检查其余服务器的运行状况	
2	将运行状况良好的服务器切为主机	
3	检查操作系统日志：/var/log/messages	
4	检查服务器磁盘信息，查看本机磁盘信息命令：df-k；fdisk-l	
5	联系厂家拨号检查处理	
6	如暂无工作，为控制网络报文堵塞风险，关闭故障服务器	

十一、空调故障现场处置方案

(1) 普通空调故障检查步骤见表 4-22。

表 4-22　普通空调故障检查步骤

序号	工　作　内　容	备注
1	检查自动化电源室 5 号空调配电柜两路市电是否正常，用万用表测量自动化电源室 6 号精密空调配电箱进线空开上端头是否带有电压	

续表

序号	工作内容	备注
2	将空调重新启动	
3	通知维保人员维修空调	
4	开窗开门，通风降温	
5	若空调全部失电，则打开服务器机柜柜门，用扇子或书本扇风，增加机柜内空气流通性	
6	缩短巡检周期，加强设备巡检	

（2）精密空调故障检查步骤见表4-23。

表4-23　　精密空调故障检查步骤

序号	工作内容	备注
1	单台精密空调停运： 打开精密空调右门，检查红色电源旋钮是否在“ON”位置，查看空开是否跳闸，若有跳闸且观察无明显异常，进行试送。 检查自动化电源室6号精密空调配电箱内空开是否跳闸。若有跳闸且观察无明显异常，进行试送。 检查自动化电源室5号空调配电柜两路市电是否正常。 检查电源无问题，检查空调控制面板（空调门上），按“报警”按钮，查看故障情况，电话通知维保人员，在维保技术人员电话支持下进行操作，对空调报警进行手动复位，并确认可以试开机时，对空调进行开机。若开机成功，交代值班员对该设备进行重点巡视；若开机不成功，通知维保人员进行现场服务	
2	两台精密空调停运：处理方式与单台停运相同，通知值班员密切关注另外两台精密空调运行情况	
3	三台精密空调停运： 此时只有一台精密空调运行。先检查此空调运行情况，确认正常；开窗开门，通风降温，密切关注主机房温湿度。 打开自动化电源室6号精密空调配电箱，将新风机电源给上，对机房进行换气。 对三台停运空调按照单台精密空调停运处理方式进行处理	
4	若发生市电全停，则将开窗开门，通风降温，打开服务器机柜柜门，用扇子或书本扇风，增加机柜内空气流通性，降低机房温度	
5	缩短巡检周期，加强设备巡检	

（3）精密空调常见故障见表4-24。

表 4-24　　精密空调常见故障

序号	报警内容	报警原因	故障处理
1	压缩机高压报警	（1）室外机太脏； （2）室外风机损坏不转； （3）室外机无电源； （4）高压开关没有复位	（1）清洗室外机； （2）更换室外机电机； （3）检查线路、开关； （4）开关复位
2	压缩机故障	（1）压缩机损坏； （2）压缩机保护器损坏； （3）压缩机控制线路接触不良	（1）更换压缩机； （2）更换压缩机保护器； （3）检查线路
3	低压报警	（1）空调缺氟漏氟； （2）热力膨胀阀失灵； （3）过滤网太脏，风机皮带太松	（1）修复后加氟； （2）更换热力膨胀阀； （3）清洗或更换过滤网，调整风机皮带
4	气流故障	（1）空调电源反相； （2）空调电源缺相； （3）风机断路器未闭合； （4）过滤网太脏，风机皮带太松； （5）气流继电器失灵	（1）倒相序； （2）检查三相电是否正常； （3）闭合风机断路器； （4）清洗或更换过滤网，调整风机皮带； （5）更换气流继电器
5	电加热故障	（1）热保护器损坏； （2）过滤网太脏，风机皮带太松	（1）更换热保护器； （2）清洗或更换过滤网； 调整风机皮带
6	加湿器故障	（1）加湿器报警未复位； （2）进水阀未打开，缺水； （3）进水阀损坏，堵塞； （4）加湿水罐损坏，结垢	（1）复位加湿器报警； （2）检查水源； （3）清洗，更换进水阀； （4）清洗，更换加湿水罐